教孩子从小学习理财

乌 兰 谢 军 编著

金盾出版社

内容提要

　　本书以每个家庭都将面临的"未来孩子如何应对生存挑战"的问题为切入口,进述了当今社会从小就要对孩子进行财商训练,培养孩子的理财能力,从而使孩子成长为全面发展的复合型人才。

　　书中具体介绍了孩子从3岁到18岁成长各阶段财商训练教育的方法和目标,对家长既有启迪意义,又有实际操作的指导和帮助,是对孩子进行财智教育的一本实用读物。

图书在版编目(CIP)数据

　　教孩子从小学习理财/乌兰,谢军编著 . -- 北京:金盾出版社,2010.11

　　ISBN 978-7-5082-6553-7

　　Ⅰ.①教…　Ⅱ.①乌…②谢…　Ⅲ.①家庭管理:财务管理—家庭教育　Ⅳ.①TS976.15

　　中国版本图书馆 CIP 数据核字(2010)第 149983 号

金盾出版社出版、总发行

北京太平路 5 号(地铁万寿路站往南)

邮政编码:100036　电话:68214039　83219215

传真:68276683　网址:www.jdcbs.cn

封面印刷:北京印刷一厂

正文印刷:北京天宇星印刷厂

装订:北京天宇星印刷厂

各地新华书店经销

开本:880×1230 1/32　印张:8.125　字数:143 千字

2010 年 11 月第 1 版第 1 次印刷

印数:1～8 000 册　定价:15.00 元

序言

说老实话，一直觉得自己是属于财商很低的那类人，理财更谈不上什么高手，不自信的源头多少是与自己早期成长道路上缺了财商教育这堂课有关吧。所以，这本书的创作过程更是一个自己与孩子一起学理财，不断完善知识体系的过程。

我总认为，一个女人成为母亲之后的时光，应该是伴随孩子一起成长的美妙岁月。母亲的职责，意味着她要吸收各方面的知识和能量，为孩子提供一个健康快乐的成长空间。养孩子本身是件辛苦的事情，同样也是一项充满快乐的事业，在育儿的领域，有太多的新鲜事物需要学习，有太多的感受，广大家长朋友们可以一块儿交流、分享。

孩子财商的培养，是近几年来人们才开始关注的话题，我们的古人是羞于谈论如何教授孩子生财之道的。中国人非常讲究孝，教育的"教"字，左边就是一个"孝"，右边是个"文"，一个"教"字道出了中国人教育的理念：讲忠孝，有学问。翻开诸多经典文献，无论是《弟子规》还是《三字经》，也不管《论语》还是《千字文》，重视的都是道德与学识。不可否认，把孩子培养成一个品行端正的人是教育最基本也是最重要的部分，这样孩子长大以后才知道怎么去爱，如何去感恩，此时再教他什么都会容易得多。一点不假，教育孩子当然是先学做人，后修学问。

1

序言

不过，生活在二十一世纪的我们，是不是有责任把老祖宗的教育领域再拓宽放大一些呢？毕竟，传统知识结构已经不能完全解决人们在现代生活中遇到的诸多问题。比如，如何把个人和家庭有限的财力水准最大化地发挥，简言之，我们该如何理财。

培养孩子的财商应该从娃娃抓起，少儿时期是孩子价值观财富观形成的重要阶段，在这个阶段不仅培养孩子情商、智商，同时要注重财商的锻炼。理财不是只有大人才需要关注的话题，小孩子的生活同样每天和财物打交道，而理财的习惯和学问都不是一朝一夕就能够修得的。成人的理财跟性格有关，成人会根据个性特征、文化教育水平、支配的收入决定其理财的方式；而孩子，则更多是父母、家庭包括同伴对他的影响，也就是说孩子的理财习惯和本领更多的是潜移默化地从生活环境中习得的。因此，从小给孩子一点理财方面的建议和知识灌输，帮助孩子掌握正确的财富观、科学的理财方式，注重培养孩子的财商，会令孩子终身受益。

兴趣是引起和保持注意的重要因素，对感兴趣的事物人们总是愉快主动地去探究它。古代教育家孔子曾说过，"知之者，不如好之者。好之者，不如乐之者"。现代教育同样强调兴趣，兴趣对于青少年而言，几乎等同于学习的加速器。论及教育理论，自己感受最深的是做教育学博士后研究工作期间我的导师、中国教育学会会长顾明远先生一句质朴的话："没有爱就没有教育，没有兴趣就没有学习。"孩子对什么事物都感到好奇，因此，孩子身边发生的事情都可以是很好的教学材料。

既然现今社会劳动致富是很光荣的事情，既然如何积累财富以及如何让财富得到更好的发挥是今天的孩子必须要上的一课，那么，我们何不早早地让孩子在成长的过程中自然而然地多接触理财知识呢。

再来嘛，现实生活中几乎处处要涉及到货币与商品的交换关系，每天发生在我们周边的事例对孩子都是崭新的知识领域，都存在正确与错误处理方式之间的选择，就看大人们能不能充满智慧地引导孩子去思考和学习了。请家长朋友们细心呵护，在孩子幼小的心灵中早早地栽下正确理财的种子，让孩子从小在游戏的氛围中学习正确的理财观念和知识。

作为家长，我们不仅要循序渐进地带领孩子走向通往光明前途的大路，也要引导孩子学习拓宽人生"钱途"之旅的技能。首先让孩子明白钱的概念，教他一些方法，培养孩子正确的消费观，教孩子一些理财的技巧，当孩子到一定年龄段让他自己接触钱。儿童教育专家指出，孩子越早接触钱学会理财，长大后越能够赚钱。

序言

　　毋庸置疑，理财能力是一种生存能力，我们应该教给孩子这种生存能力。更多的财富并不是我们要追求的目标，但如何把孩子培养成一名具备综合实力和有很强社会竞争力的人，让孩子在漫长的人生之旅中从容开心地生活，我想，这是我们每个作父母的都期望的。

　　乌兰女士是我读硕士研究生期间的室友，这些年她在青少年财经教育领域辛勤耕耘，收获颇丰。巧的是我们俩的孩子出生日期只相差一天，当年我们一起学习成长，现在谈论更多的是下一代的教育和培养话题。为了孩子，我们大人究竟还能做点什么？多年的友情和共同的妈妈经历令我们冒出了创作《教孩子从小学习理财》这本书的设想，感谢金盾出版社的支持，感谢家人的理解与包容……每一件作品背后都凝聚了太多人的付出和劳动。

　　学无止境，理财知识同样没有尽头。让我们保持一颗感恩的心，不断学习生活中遇到的新领域的知识，然后与更多的人一同分享！

　　希望我们每个人、每个家庭的生活都越来越好！

谢　军

2010-7-1 北京

| 目　　录 |

 **学会甄别各种金融产品 /201**

第 七 章　更优质的教育不是梦 /222

第一章　妈妈教孩子管好钱

谁来教孩子管好钱,家庭? 学校? 社会?

格林斯潘连任五届美国联邦储备委员会主席,他在美联储任职的 18 年间,美国经济出现了长达 10 年之久的"黄金期"。能洞悉经济现象本质的格林斯潘,在理财教育的问题上,具有独特的慧眼。

2001 年,在委员会组织的一次演讲中,格林斯潘说:"有力、有效的理财教育才是强化国家经济体制,提高人民生活水平的根本手段。"他特别强调了对儿童和青少年进行理财教育的重要性,并表示:"对每个人来说,理财教育越早进行越好。如果不想因为错误的理财方式而遗憾终生,就必须从小开始进行理财教育。"

格林斯潘如此强调早期理财教育的重要性,源自于他的童年。他的父亲赫伯特·格林斯潘是一位股票经纪人,不仅在自己的工作领域获得极大的成就,对孩子的理财教育更是倾注许多心血,特别强调培养孩子客观、理性判断经济现象的"经济思考"能力。

由此看来,格林斯潘正是早期理财教育的最好例子,父母的正确引导造就出左右美国经济,甚至左右世界经济的"未来经济总统"。

生活中,孩子们大多的时间是在家里度过的,父母的一言一行、一举一动,对孩子来说都是示范,都是诱导。这种建立在父母血缘关系上的养育和教导,渗透着远比师生之间来得亲近和持久的情爱因子。而且这种面对面的个别教育,更容易满足儿童的个性需求,也更容易为儿童在不知不觉中所接受,所以家庭理财教育对于孩子有其天然的合理性。家长们必须善用自己的影响力,将孩子的理财观念及消费行为导向正面、积极的模式,通过零花钱管理,引导孩子学会适当地控制及抒发情绪,并利用正确的方式满足自己的需求。

一、幸福人生计划从 3 岁开始

1. 我喜欢透明储蓄罐

3 岁的璐璐很粘人,动不动就哼唧,总要求抱。特别是早晨妈妈要出门时。

"妈妈不走,妈妈不上班。"璐璐拉着妈妈的手央求。

"宝贝喜欢吃什么啊?"妈妈俯下身来问她。

"妈妈去上班,挣了钱,给宝贝买好吃的,好不好?"

"妈妈不走!"璐璐紧紧抱住妈妈的腿。

妈妈不得已回身给璐璐拿来一个颜色鲜亮、透明的存钱罐,是一只憨态可掬的小熊,肚皮上有一个细细的、扁扁的小口,是投币口,非常可爱。

"和姥姥一起数数,好吗?"

璐璐勉强答应和妈妈再见。

在孩子成长过程中,钱是一定会走入她的视野和她的生活的,所以我们应该尽早地让孩子一开始就建立相关的联接——钱是与工作付出有关的。许多家长可能疑惑,3岁的孩子对钱的概念到底是什么样的? 实际上这个年龄的孩子,对钱已经有了模糊的认识。

璐璐可喜欢这个存钱罐了,刚买回家时,璐璐满脸阳光灿烂,到处找硬币往进投,还不时歪着头看着硬币从投币口掉下来,听着钢镚撞击发出的清脆响声。

妈妈每天回来的时候,只要身上有零钱,就投进璐璐的储蓄罐里,每当清脆的叮当声响起时,璐璐总会开心的喊着:"又存钱了! 又存钱了! 小熊又吃饭了!"

之后,通过这个储蓄罐,璐璐渐渐认识了1角、5角、1元的硬币。有了这个基础,妈妈趁热打铁,教给她5个1角是5角,10个1角是1元,2个5角是1元等,反复教了一段时间后,妈妈未曾想过,璐璐竟然记住了,此后每隔几天,璐璐都要拿出储蓄罐里的硬币,分类地数一数。当储蓄罐里的钱要满了,妈妈便用纸币把硬币换走,于是,璐璐又很快认识了纸币。

有没有注意观察孩子给爷爷奶奶拜年时,拿到压岁钱的表情? 许多孩子从他们进入幼儿园的那天起,对于钱的认识、价值观、期望值及动机就已经开始建立起来了,关键在于他们是否接受了正确的教育。请爸爸妈妈们记住钱是一种很好的工具,如果使用得当,小孩子也会理解和掌握得很好。

教育就是习惯的培养。近代英国教育家洛克在其《教育漫话》中说道:"你觉得他们有什么必须做的事,你便应该利用一切时机,给他们一种不可缺少的练习,使它们在他们身上固定起来。这就使他们养成一种习惯,这种习惯一旦养成以后,便不用借助记忆,很容易地、很自然地发生作用了。"孔子也说过:"少成若天性,习惯如自然。"意思就是小时候形成的良好行为习惯和天生的一样牢固。凡是好的态度和好的方法,都要使它化为习惯,只有熟练得成了习惯,好的态度才能随时随地应用,好像出于本能,一辈子也用不尽。储蓄也一样,它不可能是遗传的,而是一个后天培养的习惯,在某种程度上还要反复地操练。

很多商豪巨富都是从努力打拼、储存第一笔资金开始的。对他们而言,把手头有限的资金积存起来,就是以后创业发财的第一步。石油大王洛克菲勒 16 岁起开始自己创业,他在一家商行当簿记员,虽然收入不多,每个月只有 40 美元,但是他却把大部分的钱积蓄起来。这些钱积累起来,就成了洛克菲勒创业的"第一桶金"。

两年后,洛克菲勒开始做腊肉和猪油生意,资金的数目越来越大。这时,他仍然保持着积蓄的习惯,只要有钱,就全部存储起来。他在等待合适的时机,以便以小搏大,将自己的资金全部利用起来。

1859 年,美国宾夕法尼亚州泰特斯维尔出现了第一口油井。洛克菲勒看到了即将到来的石油商业浪潮,他决心参与到开发石油的行业中去。凭借洛克菲勒长期积蓄的财力,在一家炼油厂拍卖时,他不惜重金,以比对手高出很多的叫价,赢得了炼油厂的产权。在这次拍卖中,洛克菲勒多年的积蓄起了非常重要的作用,那些在平时看来非常小的数额,那些在别人眼里看来可花可不花的资金,在拍卖的一刹那,都起到了最大的作用。如果他平时用钱稍加放纵,如果他在积蓄上没有花那么大的心思,那么,在那次拍卖中,他可能就会功亏一篑,他的成功之路也许就因此要多绕弯路了。

事实证明,洛克菲勒用自己的努力打拼回来的那家炼油厂是超值的。那家炼油厂就是洛克菲勒赖以发家的"标准"新炼油厂。

家长无疑希望教导他们的孩子养成良好的储蓄习惯。强迫孩子存钱可能会奏效——至少在他们成长为反叛的青少年之前。然而,更好的做法是帮助孩子养成自愿的储蓄习惯。如果他们是通过努力,自己存钱买到了想要的东西,而不是我们拿着托盘把东西送到他们面前,他们就会更加珍视这件东西的价值。所以务必要教导孩子们将零用钱、压岁钱或做家务赚得钱按比例存起来,引导孩子们为了他们想要的东西而努力存钱,练习每星期自觉存一些钱,然后实现他们的目标。教导孩子学会忍受,并非他们所有的愿望都能立即满足,这是他们将来步入社会获得胜利的关键因素之一,也是让孩子在自己目标的引导下管理自己人生的过程。

│财智箴言│

❀ 给孩子找个安全的地方,存放纸钞和硬币。有很多存钱罐的样式都很不错,有的还带音乐,很多孩子喜欢透明的存钱罐,以便看清存钱的进展情况。

❀ 为了帮助孩子更好地理解花销概念,在他们刚认清各种币种的时候,给他们少量零用钱,这样他能够清楚地知道你希望他买什么。

❀ 不经家长同意,孩子不可以随便拿家里的零钱放进自己的储蓄罐里。

❀ 最好在每个星期的同一时间给他们发放零用钱。应该选择一个从容而不紧张的时间,以便他们能够仔细将现金放好。

❀ 你可以经常带孩子和你一起去采购,告诉孩子怎样可以省钱,怎样通过储蓄来买较贵的东西,家里添置大件物品时,可以告诉孩子攒钱的经过。

2. 为实现梦想而储蓄

嘉禾上幼儿园之前,爸爸妈妈没有刻意追求如何教育孩子,就一个孩子嘛,自然很宠爱。可随着嘉禾会说话了,会跑了,要和小朋友共处,要融入"社会"了,爸爸妈妈就感到问题也随之而生了——虽然嘉禾聪明可爱,求知欲极强,尤其是对画画有独特的爱好,但是内向胆小,依赖心重,凡事都是以自我为中心。

问题时时困扰着爸爸妈妈,可又不知如何解决,于是就有一招没一招地试着。嘉禾上幼儿园也和其他孩子一样,用了很长时间适应。

慢慢地,妈妈发现嘉禾喜欢上幼儿园了,而且时不时领回来一朵两朵的"小红花",孩子年龄小,说不清楚每一朵小红花得来的原因,但有一样嘉禾很清楚——老师表扬我了,还亲我了。嘉禾经常要把小红花放在枕边入睡。

妈妈则灵机一动:幼儿园能发小红花,我们家里也可以有啊。于是,妈妈在嘉禾的房间一侧墙面上,开辟出一个"宝宝成长记录"专栏,嘉禾每个出色的表现都用一朵小红花标示,而且下面用一句话注明。比如:"嘉禾自己吃饭,而且非常干净","嘉禾主动回答问题而且非常响亮","嘉禾表演节目,认真投入,还帮助小朋友系鞋带","嘉禾讲小矮人的故事,绘声绘色"……

"小红花"越来越多地开放,妈妈突然发现,小红花给嘉禾明确地指出了如何做人的方向,让嘉禾明白了什么是应该具备的优秀品德。接下来,妈妈在加小红花时也慢慢使用了扣除法,"嘉禾欺负小朋友","嘉禾说话不算数","嘉禾没刷牙就上床了"……

加小红花嘉禾自然高兴,扣的时候倒也心服口服,不光没闹人,反而更加自觉了,并让嘉禾意识到了是非曲直,乘此机会妈妈又增加了小红花的功能:小红花累积多了可得奖品。

细心的妈妈先留意孩子心仪的东西,然后奖给他,可想而知嘉禾那高兴劲了。如果想要一件东西,就可以积攒一定数目的小红花。妈妈还特意强调,你的东西并不是爸爸妈妈"给"的,而是你"自己获得"的,所以嘉禾使用时就特别自豪。"溜冰鞋"是嘉禾经过半年的努力得了300朵小红花才"挣"到手的,买来后,苦练了整整一个星期,终于学会了,嘉禾感觉很骄傲。

　　现在嘉禾上二年级了,在家里面基本上看不到"闹人"、"耍赖"的现象,并且好学上进,还当上了班长。

　　毫无疑问,这是一个睿智的母亲。她在给予了儿子生命的同时,给予了他生存的能力——储蓄梦想,孩子的梦想之路已经从这个平凡母亲的巧妙构思开始了。

　　您要了解孩子最喜欢什么,并帮助他制定目标。当为了得到他们想要的东西而制定目标策略时,孩子很快就会兴奋起来,这往往成为孩子生活的动力。让孩子发现自己走在一条自己选择的期望之路上,他今天的一言一行,一举一动都是在实现目标的过程中,每过一天就是让自己离梦想和目标更近一天。在存款几周或几个月后,能用自己的存款购买溜冰鞋或自行车,那种喜悦和满足是难以言表的,而且,他们还会从中得到一种巨大的成就感。这种自尊的培养,将使他在今后的生活中受益无穷,

　　当然,您要为学龄前的孩子设定他们能够迅速轻松实现的目标。存钱就必须能让孩子生活得更好——而且所能得

到的利益也必须是明确的，那些利益也必须能在一个对孩子来说是真实的时间里得到，而不是被推到遥远的将来，以至于在孩子的意识里，那些利益根本就不存在，为的就是把钱从她的手中拿走。因为你的孩子永远也不会认为被没收掉的那部分钱是他的——如果你的意愿是把他们的“存款”用于供他们上大学，或者用作其它对他们来说是遥远的未来的一些花费时。

目标制定的过程需要家长与孩子在一个和谐愉快的沟通氛围中，家长要用心地倾听孩子的愿望，帮助孩子设定储蓄的目标，让孩子的储蓄目的简单化，把目标写在纸上，如此一来，可以每天提醒您的孩子坚持他们的计划，孩子的抗诱惑力自然会提高。家长还要引导孩子根据完成储蓄目标的时间，设计分步骤的计划，制定具体措施，使目标得以落实，引导孩子走在他自己所要走的路上。此后，家长只要站在孩子身后，不断地给予力量和支持就足够了。

虽然孩子的方向各不相同，但发自内心找到自己所期望的目标，总会是最有推动力的，是属于自己的——责任感和义务感，主动和自觉性也就由此而生。让孩子自己管理自己，这正是我们所期望的！

财智箴言

✱ 制定的目标明确，内容具体而不虚泛，可用一句话清晰地说出来，比如：“我要在1年后拥有自己的电脑”。

❋ 对于学龄前儿童来讲,设定的目标应该是孩子们能够比较轻松实现的目标。重要的是,孩子从中可学到一种宝贵的责任心,领悟到一种辨证的得失观。

❋ 和孩子一起制定储蓄和消费目标:开始时可能仅是小目标,如一张光碟、一个汽车模型等,一般只须储蓄几个星期便能大功告成;此后可转向较大目标,须耐心储蓄几个月才能实现;最后上升至须储蓄上一年半载才能实现的大目标。

❋ 存钱罐的钱每增加十元,家长就奖励三元投到里面,增加一百元,就奖励三十元。漫无目的的储蓄别说孩子,大人都很难坚持,有了这样的规则就不同,每一次数钱的时候,孩子都会有新的惊喜,也清晰地知道自己下一步的储蓄计划是什么。

❋ 在生活的点点滴滴中培养孩子的自控力。

3. 妈妈的银行利息高

广瑄今年 10 岁了,每周妈妈给她的 20 元零花钱,经常随随便便就花光了。为了帮助广瑄养成储蓄习惯,妈妈起初想去银行给广瑄开个户头,让她自己存钱,但转念一想,开新的户头,要 5 元工本费,广瑄本来就没有多少可存的钱,这 5 元钱对她是个大数目,恐怕会伤害了她存钱的积极性。而且,广瑄去银行只是 10 元、8 元地存,妈妈也不可能每次都陪她去银行,唯恐银行职员嫌麻烦,让孩子遭到白眼和怠慢,于是妈妈打消了去银行给广瑄开户的念头。

后来,妈妈决定为广瑄建立一个"家庭银行"。广瑄每个月省下的零用钱,家务劳动所获得的收入,过年时候的压岁钱都可以存进"家庭银行"里,妈妈把账目会一一记录到广瑄的"存折"上。

为了鼓励广瑄多存钱,当广瑄每储蓄1元时,妈妈也会同样地帮她存入1元,使她得到双倍的金钱。但是"高息"储蓄是有代价的,妈妈规定,如果广瑄在某一时间内取出储蓄的话,妈妈便会把自己的那份取回。借着这样的方法,除可以增添广瑄储蓄的动力外,更可延长储蓄的时间。

当然,广瑄之所以非常主动在"家庭银行"里存款,还有一个非常重要的原因——妈妈支付给她5%的高额月利息,并且是复利。所以"家庭银行"很有吸引力。广瑄受到复利的诱惑,取钱之前总要好好算计一下,不愿随便说取就取。

爱因斯坦曾说过:"我所知道的最不可思议的事情就是复利的魔力。"当你用1元钱来进行投资,而不是花掉它,会出现什么样的变化呢? 孩子会对此感兴趣的。您将发现在你向孩子们展示复利的作用时,他们的反应将不同于许多成年人,不会去寻找各种理由来推翻你描述的结果。相反,他们将意识到,他们每天浪费在零食上的1元钱会使他们发财! 他们会愿意进行储蓄,并成为投资者,而这正是你的目标。

每天存1元怎样增长到100万元? 下面显示了你每天储蓄1元的结果,你可以将其付诸实施。

每天1元,利息为10%=56年后100万元

每天 1 元,利息为 15％＝40 年后 100 万元

每天 1 元,利息为 20％＝32 年后 100 万元

不是很令人惊奇吗,这就是复利的魔力。为什么我们不投入更多钱呢！顺便提一句,别总像个持怀疑论调的成年人那样考虑问题,然后说:"哦,但你找不到那么高的回报率。"

在一些理财类网站如 cn. morningstar. com 上,你可以搜索那些在近 10 年内平均年回报率为 10％或者更多的基金。你会找到很多。

当然,绝大多数储蓄账户都不会按照这个复利增长,很多账户目前的利率为 2％～5％之间。孩子们越早开始储蓄,他们就会让自己的钱有更多的力量来增长。家长可以采取一些富有创意的措施来增强储蓄的吸引力。

家庭银行的好处,是可以自行调节利息,而银行目前几乎零息,难以教导孩子。孩子们会去存钱,而这完全要由他们自己决定,不需要来自于成年人的强迫或沉闷乏味的说教——只要他们的钱被允许增长得足够快,能让他们注意到储蓄的效果。家庭银行的另一好处是可以让孩子自行记录收支,精于计算,锻炼他们的理财能力。

孩子应该有自由支配资金的适当空间,以便其决定存、取款的时间与数额。**如果你让你的孩子真正控制他们的钱,并给他们提供一个有吸引力的回报率,他们将会自己去储蓄。**当然当孩子有了自己可以支配的钱,他们将可能犯一些花钱的错误,但可以从中学到理财的经验。父母一定要让孩

子在花钱前明白,什么才是对他们最有价值的东西。

你可以适时实施贷款政策:贷款会破坏关于储蓄的教导与价值观。给他们贷款是少有的例外,当您的孩子一直在认真负责地储蓄与理财时,而他目前存钱打算购买的东西正好赶上减价促销,此时可以借钱给他,但是要履行正式的贷款程序。在一张纸上写下还款的日期、数额、利息以及每周偿付的时间表,对此分期付款进行跟踪记录。这样似乎有些苛刻,但是如果不这样的话,您很容易忘记您的孩子还欠多少钱。仔细记录有助于避免争议,并且还可以此教导孩子,贷款需要承担严肃的债务责任。此举除可警惕他们审慎用钱外,也可让他们从中学会正确处理借贷关系,这种理财教育方式虽然有点小题大做,但全面周到。

财智箴言

✻ 强制青少年储蓄绝非最为有效的动力,对孩子有意义的激励措施与目标能够调起孩子们储蓄的胃口。

✻ 善用复利的力量,在储蓄账户或投资账户中存钱,并在账户中保留利息,这些利息开始生息。随着时间的进展,复利帮助你的钱以更快的速度增长。

✻ 按比例补助,就像公司为员工支付养老金一样。每当您的孩子决定将一部份现金存入其账户时,您也存入相等的金额。

✻ 孩子只能提取他所存入的那一部份,而此时您则缩减按比例补助的存款,直至孩子将所有取款补回。

❋ 按照他们每月所获利息,向其账户存入与该月利息相等的钱,从而使其利率翻倍。

❋ 帮助孩子设定适度的、可在几个星期或几个月内实现的目标。家长可以利用孩子胜利实现这些目标的机会,引导他们逐步设定更高的目标。青少年的自豪感与支配感会有助于他们逐渐养成存钱的习惯,这是强行管制无法激发出来的。

4. 银行是个储蓄大超市

逸文今年9岁了,这些年收到的压岁钱数目可观。这笔钱怎样管理和使用?今年春节爸爸和妈妈商量带逸文去银行开立一个他自已的储蓄账户。

来到银行,排长队等待,逸文有些不耐烦了,嘟囔着:"为啥把钱存银行啊?"

"知道为什么我们在银行存钱时,银行会给利息吗?"妈妈看出了逸文的心思。

"嗯……"逸文支吾着,大概从来没有想过这个问题。

"我们把钱存进一家银行时,实际上是把钱借给银行。作为交换,银行保护我们的存款并付给我们利息,然后银行把我们的钱拿走,并把它借给需要借钱的人,或者以其它的方式进行投资。只要银行向借钱的人收取的费用,高于它付给我们的利息,银行就能把生意维持下去。"这话有点罗嗦,妈妈也不知逸文是否明白了。

"存钱日子越长,利息越高……"逸文开始关注大厅里的利率牌。

"是啊……"妈妈赶紧接茬。"还有其它一些金融产品,比如债券、基金等,当然收益越高,风险也越大。"

逸文两眼紧盯着妈妈,显然开始感兴趣了。

"我们需要时间慢慢了解、认识这些产品。"

"那现在怎么办?"

"妈妈建议你把钱先存成活期,虽然利息低,但比较安全,并且可以随时换成其它理财产品。"

"行……"逸文满怀期待。

应当在平时就注意与孩子交流,让孩子能够而且愿意接受成人的建议。只要尊重孩子,大多数孩子还是愿意接受成人的帮助的。

每逢春节,长辈们都要向小辈派压岁钱。随着生活水平的提高,压岁钱的数量呈上升趋势。据在北京一些中小学做过的调查表明,一个春节下来,压岁钱成百上千的"小富翁"大有人在,积上个万把元的"暴发户"也不乏其人。

"小金库"令孩子们欢呼雀跃的同时,却令不少家长犯难——收归"家"有,还是下放财权?怎样妥善处置这些数目可观的压岁钱呢?

压岁钱的民俗世代流传,不管是豪门大户还是平民百姓,家家户户都借此民俗长幼同乐。最早的压岁钱出现于汉代,压岁钱也叫厌胜钱,这种钱不是市面上流通的货币,是为了佩带玩赏而专铸成钱币形状的避邪品。正面铸有钱币上的文字和各种吉祥语，如"千秋万岁"、"天下太平"、"去殃除凶"等，而背面则铸有各种图案，如龙凤、龟蛇、双鱼、斗剑、星斗等。

唐代，宫廷里春日散钱之风盛行。当时春节是"立春日"，是宫内相互朝拜的日子，民间并没有这一习俗。《资治通鉴》第二十六卷记载了杨贵妃生子，"玄宗亲往视之，喜赐贵妃洗儿金银钱"之事。这里说的洗儿钱除了贺喜外，更重要的意义是长辈给新生儿的避邪去魔的护身符。

宋元以后，正月初一取代立春日，称为春节。不少原来属于立春日的风俗也移到了春节。春日散钱的风俗就演变成为给小孩压岁钱的习俗。

传统民俗中的大多数都是好的，我们应该珍惜，因为它们代表了我们这个民族的悠久历史，一旦失去，就难于恢复。每个民族都有如何对待传统民俗的问题。日本的大多数孩子都要行隆重的成年礼。这些节日、礼俗大多数都是由中国传过去的，可是咱早就不过了。中华民族是重礼仪重情义的民族，每逢春节，礼尚往来，走亲访友，到朋友同事家串门拜年，少不了给人家的孩子压岁钱，家长正好用这个契机，借压岁钱风俗教育孩子，让孩子了解压岁钱的内涵及其中的祝愿、文化、讲究等。

┃财智箴言┃

❈ 家长可借压岁钱培养孩子的金钱观念。特别是对学龄前的孩子,正好抓住这个时机,教会孩子认识人民币的面额。带孩子一起去市场,让他们直观地感知钱能买到东西,钱是有用的,要珍惜,要有计划地使用。这些对于成人来讲看似理所当然的事,对小孩子来讲却是很新鲜的,这也正给家长提供了很好的教育契机,比空洞说教来得更自然,更容易让孩子接受。

❋ 可以借机发展孩子的社会性交往。孩子收到压岁钱时,尽量让他明白,大人不是无缘无故给你钱,而是用压岁钱表示一种心意,希望你健康快乐,长高长大。所以接到压岁红包,一定要谢谢亲戚朋友,一定要说一些祝福的话。同时也让孩子明白,礼尚往来,我们也要给人家的孩子压岁钱,也希望别的孩子快快长大,幸福快乐。

❋ 去银行办事时,如果方便可带上孩子,减少他们对银行的陌生感,将银行储蓄的种类、利率、计算利息等知识教授给孩子。

❋ 找个休息的日子,确保时间较宽裕,带着孩子去开立他的第一个银行账户,让孩子自己填写申请表内的全部或大多数内容,如姓名、住址、电话号码等,并教孩子看懂存款账簿。

❋ 要确保孩子把存折存放在一个安全的地方,一个家长与孩子都能记住的地方。有了这个账户后,不管存钱或是取钱,最好都让孩子全程参与,借此使其明白银行的功能。

❋ 目前,金融市场不断推出种类繁多的产品,不仅孩子需要学习,家长也要不断了解、认识它们,以积极应对您与孩子将要遇到的金钱方面的挑战和问题。审慎投资,特别是那些对银行往来与投资所知甚少的家长们,必要时可求助于个人理财专家。

二、该不该给孩子零花钱

1. 还在犹豫"给"或"不给"吗?

沈悦岑读小学二年级了。一天,因为悦岑的一个小谎话使妈妈意识到,悦岑长大了,开始"有心思"了。

悦岑跟奶奶要钱说:"奶奶,天气太热了,放学时同学们都买冰棒吃,我也想买。"奶奶一听孩子这么说,自然马上就给孩子拿钱。但实际上,悦岑是想买一把那种插在水果上的小伞玩,大概 5 角钱一把。放学回来路上,悦岑把奶奶给她的一元钱买了两把伞回来。

妈妈知道了这事儿后,自然非常重视,问悦岑:"为什么要说谎?"

悦岑害怕了,紧张得不敢出声。

妈妈看悦岑紧张的样子,也就不再吓唬她了:"知道自己撒谎不对就行了,你想要什么都可以商量的,妈妈不是不讲道理的人。"

悦岑终于开口了:"我要零花钱。"

妈妈对一个 8 岁孩子的这种要求有点困惑:"你要钱干

什么，要什么妈妈能帮你买呀。"

悦岑说："我想自己买自己喜欢的东西。"

妈妈一时还真不知道该不该给孩子零花钱，或者要给多少了。

悦岑妈妈没以居高临下的姿态出现去训斥、责备孩子，而是与孩子平等交流，在互相理解中让孩子心服口服地回到正常的轨道中来，这一点做得很好。对于很多家长来讲，孩子手里没有钱，就觉着不用担心孩子乱花钱了。但事实上，在孩子没有接触"钱"之前，根本不知道什么叫贵，什么叫便宜，手里没有钱，他们也就没有用钱和花钱的概念，更不要说形成理财的观念了，所以孩子们闹着要买玩具也就不奇怪了。但如果拥有了固定的零花钱，并且数目有限，那么，在孩子的价值观里，几十元就是很贵的概念。于是，孩子们也就学会了更珍惜钱，以前毫不犹豫就想买的东西，逐渐地会考虑是否要买，甚至会挑有折扣的买。

有的孩子长大一点儿的时候，不愿意把钱交给父母，一拿到钱就会赶快把它花掉，因为他们会认为存下来只会被大人"没收"。还有的孩子，在得到长辈的钱后，便偷偷地藏起来，不告诉父母，然后偷偷地花。有的孩子甚至趁父母不在时向爷爷奶奶要钱花。将一个孩子送入"真实的世界"，却不让他精通理财，无异于让孩子去面对失败，因为孩子的渴望长期得不到满足的话，很可能会引起一定程度的心理失衡。社会上多数的犯罪案件都与金钱息息相关，所以说，零花钱应该给,它关系到他们今后人格的发展和定型。这也给家长一个机会去教育好自己的孩子,建立起健康良好的金钱观、消费观甚至是人生观。

如何给孩子零用钱?什么时候该给?给多少?隔多久要给一次?这些看起来虽然是小事一件,但其中牵扯到的学问还不少。既然给孩子钱用,就要先想好如何教孩子用钱,要把零用钱当作一个创造性的工具,引导孩子正确地面对财富,从中学会理财的技巧。

┃财智箴言┃

如果你家的小孩还是伸手牌的话,不妨就从现在开始建立一套行之有效的零用钱制度。父母可以根据孩子和家庭的具体情况,适时启动"零花钱计划"。要考虑的因素包括你孩子的成熟程度,你的经济状况,零用钱的用途和零用钱的发放规则。记住,你要在消费、预算、储蓄、赠送和纳税方面树立一个好榜样,这样,你就能把正确的价值观灌输给孩子,使之根深蒂固,这是你留给下一代最好的遗产。

2. 今天是我领"工资"的日子

子涵上小学一年级,第二学期的数学课上,学习了人民币知识,认识了不同面值的钱币。妈妈看到她已经会数钱了,也能进行简单的加法、减法计算,就开始有计划地给她零花钱了。

从1天给1次到3天给1次。子涵也会经常犯一些小错误,比如钱丢掉了,1天就把3天的钱用光了等等,就是在这样一个过程中,她学会了如何解决收入与需求之间的矛盾,达到平衡收支,也学会了如何为得到一个心爱之物而攒钱。

孩子6、7岁时,能认识钱币的不同面值,会进行简单的加法、减法计算,有时也需要买一些小物品,并懂得钱与购物之间的关系了,就可以有计划地给孩子零花钱了。这个年龄段孩子心智的发展受团体生活影响较大,在小朋友间的相互比较之下,孩子的需求欲望也相对地增加。偶尔有浪费行为,也不必太介意,满足一下他们的需求,并可进行机会教育。

在给孩子零用钱之前,可以先跟孩子讨论一下,让孩子说出自己的需求,看看他们要如何利用这些钱,万一超支了怎么办,他们会打算储蓄吗?如果孩子提出的金额正好与家长所预期的差不多,请尊重孩子的意见,让他们知道自己还是可以有一些影响力的,以建立自信心。

不同个性的孩子,给零用钱的金额也有所不同。有些孩子天生个性慷慨,不拘小节,长大后往往容易成为入不敷出的人。如何让孩子能具备自我反省消费行为的能力?哪些消费项目应该可以取消?哪些开支可以再节省些?这些都是值得家长考虑的。

人的消费欲望会随着购买力的增加而无形膨胀,孩子更是如此。我们尽量不反对也不干涉孩子用零花钱购买自己喜欢的小商品,赋予孩子零用钱完全的使用权利,但我们必须告诉孩子,不可以随便预支钱。家长们一定要让孩子懂得,自己享用的每一分钱都应该是合理正确的,而且在物质诱惑面前要学会控制与思考。

根据实际需要确定零用钱确是一个不错的做法。在您的皮夹中放一个小型便笺,记下您现在直接为孩子支付的所有东西。这其中应该包括随意支出的项目,例如他们在交款处求您为他们买的糖果、漫画书,他们的玩具需要的电池以及您主动决定为他们购买的 CD 或绒毛玩偶。另外,还要跟踪记录非随意性支出,例如学校午饭、上学开销和衣物等。一个月后,小计每类总额,然后再将它们全部加在一起。您可能会对某一类的支出总额感到吃惊,为了包装过于精良的某一名牌巧克力花掉几十元钱是不是太多了? 现在做一些调整,为每一项花费选定一个您认为是更合理的金额。

最后,您应该根据所有随意性支出,开始时再加上一点非随意性支出,来决定给孩子的零用钱数额。随着您的孩子支配零用钱的能力越来越强,可以按照您希望孩子自己负担的支出数额,相应地增加零用钱。好了,从现在开始,在商场、百货公司或超市里,您不要给孩子们花钱了,养成定期给孩子零用钱的习惯,鼓励孩子自己做出权衡。然后,当您的孩子能够胜任这套系统时,您可同时增加零用钱数额与他们自己支付的非随意性支出项,并逐渐延长给孩子零花钱的日子,让他们学会在越来越长的时间里支配越来越多的零花钱。您最终会发现,再不必当孩子求着自己买这买那时为其四处花钱了,与家长替孩子支付全部支出相比,此时的支出费用必将有所减少,孩子也将成为一个精明而且负责的消费者。

8岁的焉雨,有一个简易的小账本,焉雨会将所购买的东西以及相应的钱数都分别记录下来。每个月末,妈妈会让她分类统计,一个月内所用零花钱在每一项上的比例,由此让她自己体会到需要在哪些花钱习惯上进一步改进,学会节省没必要花的零用钱。妈妈则以此为根据,衡量她的零用钱使用状况,看看是否需要进行调整。如果发现有浪费的事情发生,可以马上加以修正。

记 账 本

每周收入_____元 　　　　　　　　　　　　　　月　日—月　日

需要项目	金额(元)	想要项目	金额(元)
合计(元)		合计(元)	
支出(需要项目+想要项目)合计(元):			
储蓄(元):		慈善捐款(元):	

┃财智箴言┃

❋ 记账要收集单据,日常消费时应养成索取发票的习惯,收据也要一一保存,最好能按日期顺序排列,以方便日后的统计。

❋ 一些琐碎的花费,如果没有记账习惯,可能不会注意,但复式效应的结果可能很惊人,特别是小零食,累积的消费数额也很多。

❋ 家长要每周检查孩子的账本,看看上周有否过度消费,并讨论下周如何运用零花钱,如果有些特别节日来临,例如母亲节、家人生日、圣诞节等,要早早作出预算。

❋ 若每月有盈余,可带孩子将现金存入银行,增加金钱的真实感,还可时常提醒孩子——目标是不是快要实现了。

3. 常见问题处理之道

(1)给孩子零花钱没有计划性。刘拓生活在北京,上小学 3 年级,1 个月 1000 元左右的零花钱,还说不够用,小刘拓说爷爷、奶奶、爸爸、妈妈都给他零花钱。

刘拓的爸爸因为经常出差在外,作为一种补偿,回家就会把兜里的零钱都给了他,随随便便几十元钱,也不仔细问问孩子拿钱都买什么,结果可想而知,一个月下来家长们谁都说不清到底给了孩子多少钱。家长给得没计划,孩子花起钱自然没有计划。消费欲望就会越来越膨胀。

有些家长出于无暇照顾孩子的负疚心理,出于想要为孩子买他们不曾有过的东西的想法,给孩子买很多玩具和物品。这种过度消费是不健康的。可以偶尔为之地为孩子买些小物品,不必给他买许多。孩子们最需要的是大人和他在一起,拥抱他,亲吻他,和他一起玩耍,听他诉说。这些都是不需要花钱的,也是更有益的活动。

也有家长想,我们小的时候那么苦,想要什么都没有,现在家境好了,孩子想要个玩具,那能有多少钱,还有什么可犹豫的,何况,这些玩具对孩子成长也有好处呀。

可是,又有哪位家长有能力满足孩子的所有要求呢?孩子很小的时候会为一个橘子或一些糖果欣喜万分,而现在呢?"礼物清单"更多的是索尼游戏机、电脑、滑板、山地车,当然还有芭比娃娃和她的车、房子和无数的衣物等等。即使父母再富有,也不可能为孩子买下所有想要的东西。这恐怕不仅仅是囊中或许羞涩的问题,更重要的还在于这样做极不利于孩子人格的养成,不利于孩子的健康成长。试想,一个人一旦应有尽有,那么孩子也许会认为金钱不但是万能的,而且来得轻而易举,从而就不懂得珍惜与节省,渐渐养成奢侈的消费习惯,从而使他们滋生不劳而获、坐享其成的思想,甚至有可能变得无所作为。因此,从这个意义上来思考,我们不难发现过度地给孩子物质上的满足,不是在爱护孩子,而是在伤害孩子。过度宠爱孩子,对孩子是一种沉重的负担,与其让孩子因为错误的金钱观误导生活的方式,不如让孩子懂得节制,懂得取所当得。

要把孩子的花费和需要放在心上,以便决定给他多少零花钱。不应一次给孩子过大数目的钱,而应该循序渐进地让他们感受到钱的用处。这个问题,需要夫妻双方配合默契。一个家庭必须有一个人主管钱,孩子的零花钱也应由这位主管来支付,这是防止孩子乘机多要钱的办法之一。我们要时刻记住,之所以给孩子零花钱,并不是要纵容他们任意挥霍,而是要培养他们的理财能力,作为家庭主管也应懂得按时按量地支付孩子的零花钱,不致因为工作或家务繁忙而忘了这回事。

(2)没有零花钱的孩子。子淇上小学4年级了,从来没有自己买过东西,看其他同学都有零花钱,下课可以买雪糕或喝罐饮料,但自己却身无分文时,很尴尬,所以她总是独来独往。

孩子长期在这样一个环境中成长,会影响心理健康。其实,孩子之间也有其"自尊"或是"虚荣"的。如果孩子自尊心强,有可能造成孩子心灵创伤。另一方面,孩子没有零花钱,需要买什么东西时,现跟父母要钱这种方式,也使得孩子没机会去规划、管理零花钱。

其它象供应不时之需或是社交上的需求等,也是孩子会遇到的问题。例如:孩子出门在外,总难免会遇到临时的需求,这时身上有些零用钱,孩子就可以自己解决问题,家长也会比较放心;或是朋友之间的交际,当同学请了自己吃东西时,孩子总希望能回请对方,有来有往才不会尴尬,借此还可以拓展人际关系。

　　许多坚持孩子不需零用钱的父母(我什么都帮他准备好了呀!),应调整自己的态度。毕竟这是一个离不开"钱"的消费时代,孩子也是消费者,他们也有自己小小的、正当的消费欲望,我们做父母的如果对孩子"一毛不拔",则很容易造成两种后果:其一就是导致他们以不"正当"的手段去获取金钱;其二则是让孩子对于金钱的使用过度依赖父母,从而丧失了自己的理财主见。因此,适当给孩子一点零花钱,让孩子能学会理财及自我控制,也是不错的生活教育。另外,适时调整零用钱的金额也蛮重要的。

　　但到底给多少,到底怎么个给法,倒还真得讲点儿方法。每个家庭的经济情况不同,可能会产生有的孩子零用钱很多,有的则很少。为避免造成孩子之间的比较及自卑,在给孩子零用钱的同时,应该灌输他们知足常乐的道理。想要以有限的金钱来满足无穷的欲望,本来就是不可能的,这时就要训练孩子有所取舍,学习如何安排顺序,哪些东西要先买,哪些东西可以先暂时搁置,以发挥零用钱的最大效益。

　　(3)孩子变成了小气鬼。曹倩宁9岁了,倩宁的妈妈是一位财务工作人员,自然也想把工作中的好经验传授给孩子,于是就有了这样的一幕幕:比如让孩子做一些简单的家务劳动挣钱,再比如家里的旧报纸、饮料瓶等都由她去卖,得来的钱自然给了倩宁。妈妈还要求她建立一个小账本,设定达到的目标等等。通过这些活动曹倩宁体会到钱得来不容易,"妈妈,我以后可不能随便花钱了。"妈妈肯定了孩子的想法,及时表扬了她。

但后来情况却发生了逆转,倩宁妈妈发现孩子越来越小气了,当带她和同事一起到超市时,她买东西居然让阿姨掏钱,自己却故意躲到一边去了。妈妈开始怀疑自己的教育方法,一直在想到底是哪儿出了错?

养成孩子节俭却不致吝啬的习惯,对于所有的家长来说,尺度都不宜把握,每一个家庭的情况都有其自身特点,孩子的性格也都不一,我们的教育自然要有针对性才有效,照葫芦画瓢就可能导致一些不良后果。

小孩子乱花钱当然不好,不过拼命敛财也不算理财高手。给孩子零花钱之后,最常出现的一个问题就是,孩子突然变得"惟利是图",掉到钱眼儿里了!妈妈口袋里掉出的一块钱,他们硬是要归为己有;买块糖,几毛钱的事,犹犹豫豫,拿起来又放下,孩子就此失去了童心,不少原来打算对孩子进行理财教育的父母,到此大感受挫,也就偃旗息鼓了。

其实,孩子出现这些问题,是再正常不过的了。因为,他们刚接触了金钱的一方面,还没有学习其他的方面。而这些问题的出现,正是帮助孩子了解金钱的其他方面的好时机。告诉孩子办自己的事花自己的钱,让他们合理地使用自己的零花钱;别人的钱不能归为己有,因为丢了钱的人会着急的;家里的人互相帮忙是爱的表示,不能用金钱来衡量……这些道理,都需要在生活中一点一滴地告诉给孩子,其实这正是教育的过程。

孩子了解钱能做什么，仅仅是金钱观教育的一部分，还有更重要的部分，就是孩子应该了解金钱的局限性。孩子在接触金钱之初，有时候会非常天真地给所有东西"标价"，这时我们正好可以告诉孩子，有些东西与金钱的多少没有直接对应的关系，比如健康和快乐的心情；还有些东西是无法用金钱衡量的，比如曾祖母给妈妈的木梳子，别人可能觉得很不值钱，但对妈妈来说，是多少钱都不换的，因为每次看到它，妈妈就想起小时候和曾祖母度过的日子；再比如，爸爸周末如果去工作，可能会挣更多的钱，可是爸爸爱我们，想和我们一起度假，我们的假期因为爸爸的参与而更快乐，爸爸会为了这些更珍贵的东西去放弃金钱，这时候我们家在一起的快乐时光就比金钱更重要。

财智箴言

定期给孩子零花钱是最常被采用也是最好的方式之一。每周或每月定期让孩子有一些收入，就可以让他们学到如何管理钱、钱的价值以及怎么来做花钱的计划等。孩子们在花钱的时候也可能会犯一些错误，但其实这是对他们最好的教育。小学低年级的孩子，可以采取一天给一次或两天给一次，每次给的金额不要太多；到了高年级后，可以试着采取一周给一次，金额提高些；上中学以后，先采取一周一次，再慢慢拉长到一个月给一次。给零用钱同时，也必须告诉孩子到下次发零用钱之前,不可以再要,好让孩子学习如何安排使用零花钱,并且养成习惯。若发现孩子一拿到钱就花光,父母既不应让他们习惯摊大手板,也不应坐视不理,要进行弹性调整,缩短周期。定期的好处是可以让子女慢慢学习将较大数额的金钱,适当地分配于较长时间的开支,而非让他们总是抱着"今天用完,明天又有钱用"的想法。在首次给零用钱时,家长可以先订立一些条件,请孩子务必遵守,同时也让他们了解父母赚钱的辛苦,避免成为你孩子的提款机。

三、教孩子学会花钱

"生活是个大课堂"。在生活中孩子们学会了花钱,学到了许多书本上没有的东西,并促使孩子迅速而有效地掌握所学的知识。如果家长此刻还抱着期待的心理,认为晚一点让孩子接触钱币为好,只是让孩子去完成一道道枯燥的填空题、计算题的话,那么就失去了一次次绝好的提高孩子实践能力的机会。或许这样的孩子卷面成绩还过得去,只是一到生活实践当中,就难免要"触礁"了。

让孩子花自己的钱,教导孩子承担理财责任,成为负责任的花钱者,这需要家长给他们机会去花钱,让孩子饶有兴致地在生活实践中学习。给他们机会去做出聪明的或者愚蠢的决定。对于那些极少控制钱或者根本没有机会控制钱的孩子,更要给他们制定出完善的使用计划。

1. 认真对待孩子首次"示威"

孩子们常常会说,"妈妈,我想要……"大手大脚花钱的坏习惯大多是在学龄前形成的——他想要什么东西,要求你马上给他买,而你也那么做了,坏习惯就渐渐地形成了。所以我们做父母的要有一个信念:孩子每一次无理取闹,绝不能让他得到好处,尤其是第一次。

孩子在3～5岁期间,一般会有一个"反抗期",也叫"第一反抗期"。这一期间,一些孩子会出现"第一反抗期"行为,表明他开始意识到自己是独立的人了。孩子的任性是自主意识的觉醒,是一个逐步以"自我"为中心的过程。具体表现为大声哭闹、不听话、非常粘人、偏要买一样东西、不肯睡觉等,这些任性行为,就是所谓的反抗行为。其实,每个孩子与生俱来都有着不同的个性特点,但不管哪一种个性的形成都是一个渐变的过程。可能我们都碰到过,在大街上,孩子因为自己的需求没有得到满足就大哭大闹,甚至躺在地上哭叫打滚。这种情况下,多数家长总是以无奈的顺从,来维护自己在公众场合的尊严,而孩子却从中获得了以哭闹来"要挟"成人就能够"胜利"的经验。

可见,正是我们平时把对孩子的爱都转化成了对孩子的百依百顺,有求必应,才会导致孩子的任性。一旦哪一次孩子的愿望没有得到满足,他们就会极其不适,表现为情感的冲动和行为的失控,并会用已有的经验让大人屈服。日久天长,孩子越来越任性。作为一种正常的心理成长现象,家长应理性地看待,坦然地对待孩子的任性问题。

那么,究竟应采取什么方法来对待孩子的任性呢?

"冷处理"。当孩子发脾气时,往往喜欢大声乱叫,不断地哭闹,企图利用这些偏激的行为引起家长的注意,以答应他们的要求。如果你在这时候想说服他,通常他是听不进去的。我们可以采取若无其事、置之不理的方法,继续干自己的事情,同时也让孩子冷静下来想想该怎么做,这就叫"冷处理"。

对于孩子来说,在任性的行为产生后,打骂孩子或源自爸爸妈妈自身的生气、伤心、焦虑等反应,都是对孩子的一种注意方式。也就是说,当孩子"发脾气"以后,爸爸妈妈才来关注孩子,这就等于强化了孩子"发脾气"的行为,如果采取"置之不理"或"若无其事"的态度,会对孩子"发脾气"的行为起到消退的作用。

"热加工"。当孩子发现父母都不理他时,他会渐渐意识到自己做错了,爸爸妈妈生气了,这时孩子的心情是沮丧而难过的。作为家长,这时候应该以平静的态度与孩子谈谈心,讲讲事情的经过,指出错误的地方。通过一些简单的道理让孩子懂得任性行为是不对的,这就叫"热加工"。当孩子向家长主动承认错误时,还应该鼓励、表扬孩子,告诉他知错就改就是好孩子。

孩子虽然年龄小,但他也有自己的想法,作为家长,一定要以平和的态度去对待他,和朋友一样与他沟通,不要总认为孩子什么都不懂。通过讲道理后,孩子们大部分情况下都能理解父母的用意,来做出正确的判断。

"转移注意力"。孩子年龄小,注意力容易转移。当孩子任性发脾气时不妨试试分散、转移孩子的注意力。如孩子为买某一件物品而哭闹时,家长就可以拉住孩子手说:"瞧,前面有许多人,发生了什么事? 走,过去看看。"这时,孩子就会把注意力转移到另一件事情上。孩子对另外一种事物更感兴趣,他就不再哭闹了。

回忆一下,孩子从何时起开始了"表演":我想要这个,我想要那个……

宝贝一出生(或者还在妈妈肚子里),爷爷奶奶、姥姥姥爷……所有的关爱就都开始了,毫无戒备心的爸爸妈妈们买来可爱的玩具逗宝宝玩,用漂亮的衣服打扮他们。实际上,宝宝需要的仅仅是食物、干净的尿布、睡眠、玩耍、关心和爱抚。在这个时期,婴儿对金钱没有丝毫意识,家长们就成了替身"购物狂"。你希望把世界上最好的东西给他们,于是,把商场橱窗里华而不实的衣服、玩具都搬回了家,希望用这些东西补偿自己因为工作繁忙而欠缺的关心,希望孩子拥有自己未曾拥有过的幸福童年。

你在孩子没有学会如何要求之前就不断买很多东西给他们,那么当他们真正提出要求时,你就很难再拒绝了。

孩子喜欢各种各样的东西,幼儿园小伙伴之间的竞争也会给孩子很大压力,大家比着展示最新最酷的玩具。孩子们难以拒绝诱惑,父母看到孩子又哭又闹,便心慈手软,频频地掏自己的腰包,买下了成套的奥特曼,渐渐地孩子变成了"购物狂","造就"和助长了孩子个性上的任性、生活上的无计划性以及乱花钱的坏习性。家长的钱袋眼看不保,赶紧采取措施,把这样的苗头"扼杀"在摇篮中吧。当他们开始表演,带着一意孤行的态度,嘟嘟囔囔或者又哭又嚎,我们就直接说"不"!

|财智箴言|

我们应该在保障孩子基本生活和满足孩子基本要求的前提下,让孩子明白满足的道理。所谓有衣有食便当知足,物欲是无休止的。多教育孩子如何正确消费,许多父母鼓励孩子存钱,却完全不给他们支配权,往往孩子要买什么,父母认为不必要,便极力阻止,如此一来,既打击了孩子存钱的积极性,还留下不好的沟通经验,倒不如帮孩子分析利弊,分析后决定权还是在孩子,由孩子自行评估。如果你和孩子一直保持良好的沟通,他是愿意接受大人的建议的,最终会不再坚持。毕竟孩子未来还是要自己决定如何支配金钱,现在做错决定也许只是损失几十元,最多几千元,可是却能换取一个教训,以免长大后一赔可能就上万元,甚至倾家荡产。

2. 价格标签上都有啥

嘉奇6岁时,妈妈开始留心教嘉奇学理财,妈妈觉着超市是一个好地方,每周末拟采购清单时都让嘉奇参加,到了超市,母子二人先看当日的特价商品,看看有没有清单上的东西,接下来才开始正式选购所需商品。

在超市买东西时,很多妈妈都不会计较花多少钱,反正是买给孩子或是家里用,花再多也值得,但是嘉奇妈妈考虑更多的是:孩子是否了解采购对于家庭的价值,其中不但包括金钱也包括爱。

让孩子了解超市采购有很多好处,首先他们会知道享受是要付出代价的,自然会更珍惜物品和父母采购的用心,最重要的是,他们慢慢要学会选择,选择便宜的买一堆还是贵的买少一点,这种消费习惯跟以后的理财规划都有很大的关联性。

此外,每次完成购物,妈妈还叫嘉奇一起去结账,在这个过程中,嘉奇渐渐明白了买东西时要付钱,知道了金钱的用途。

现在大商场、超市中的商品价格标签一般是加条形码的标签,标签的内容,一般包括商品名称、实际金额、生产日期、保质期、单价、净含量等,但也不尽相同,有时,即使是同一家超市,标签上的内容也可能会有所不同,比如对于一些鲜生货品,就要求在标签上标明生产日期和保质期范围、重量或体积等,而对另一些耐用品来说,这些信息就无需在价格标签上标明了。

妈妈常跟嘉奇在超市中讨论,例如罐头,嘉奇会先看保存期限、制造日期,到后来嘉奇更成了妈妈的好帮手,尤其是帮妈妈挑到生产日期较近的豆浆、鲜奶、鸡蛋时更为高兴,因为他已经发现一种逻辑:放在越后面的越新鲜! 这种发现的态度也让妈妈很珍惜。

3. 孩子会买"酱油"了

欣仔妈妈依稀记得自己小时候,妈妈开玩笑时,经常喜欢说一句:"谁谁谁的儿子都会打酱油了!"欣仔妈妈感觉会打酱油的小朋友就有蛮大了,没想到欣仔也可以买酱油了!

这天,欣仔妈妈要包饺子,在准备的过程中才发现家里的酱油没有了,想着还要往楼下跑一趟,正准备洗手,看见欣仔和小哥哥正在看电视呢,灵机一动,儿子这么大了,试着让他做些事情,锻炼锻炼嘛!

于是,欣仔妈妈就把儿子叫过来说:"欣仔,帮妈妈做件事情,好不好?"先征求一下儿子的意见。

欣仔问:"妈妈,做什么事情啊?"欣仔还是蛮爱帮妈妈忙的。

妈妈告诉他买袋酱油,没想到欣仔一口就答应了,说着就往门外走,妈妈拉住了他,问他:"就这么走了? 你准备拿什么买呢?"

小哥哥在旁边插嘴道:"你还没拿钱呢?"欣仔这才意识到。妈妈给了欣仔5元钱,让小哥哥陪他一起去。

卖酱油的小卖部就在楼下不远处,但在楼上看不到,妈妈有些焦急,但事实上,妈妈的担心完全是多余的,欣仔不仅买回了一袋酱油,还买了一袋饼干,把找回的钱放在了桌上。

妈妈本想质问一下为什么要买饼干,想了想,还是算了,于是对欣仔说,"这袋饼干算是妈妈奖励给你的,谢谢你帮妈妈的忙"。

儿子很得意,大方的说:"不客气,以后还让我给你买酱油!"这小家伙儿,买酱油还上瘾了!

财智箴言

虽然孩子还太小,无法了解金钱的价值,但是他们会看到,把那一张张有颜色的纸和一个个闪闪发光的圆形金属,交给商店售货员阿姨就可以"买"到某些东西,这是孩子意识到金钱为交易媒介的开端。你还可以叫孩子把整钱交给售货员,并且要他接下找回的纸钞和零钱,让他借此参与交易。这对他们而言是难得的学习体验。

4. 花自己钱时很是心疼啊

逸萌出生时,家境不富裕,爸爸妈妈万事都要精打细算,所以逸萌很知道节省,买东西本能地看是否减价。当然,仅仅想方设法地省钱还不够,妈妈觉着孩子还要知道如何投资。于是,从 7 岁开始,妈妈开始给女儿零花钱,1 个月 10 元,她可以攒起来买玩具,也可以一直存下去。结果,她 1 分钱也没有花,因为逸萌觉得这是在花自己的钱。

有一次去餐馆,逸萌喝了一罐饮料后还要。妈妈怕她喝多了饮料,饭自然就不好好吃了,况且饭店里的饮料很贵,于是妈妈宣布:"你不喝饮料,我就把省下的钱给你。"

没料到,这招还真灵,逸萌痛快地说:"那就不喝了。"逸萌意识到那是在花自己的钱,希望节省。而妈妈则想,这岂不就是资本积累,日后投资的第一步?

逸萌上三年级后,爸爸妈妈教她使用减价券,省下来的钱可以按一定比例给她。这样也顺便让逸萌利用减价券换算,来训练数学能力。

孩子们就消费做出决定的经验越多,他们就越能像成年人那样,对理财变得越聪明。无论您是支付现金来满足他的基本需要(当然如果您为孩子支付一切东西,他们有可能不会在乎您的交易是否合算),还是从他们进入幼儿园开始建立一套零花钱制度,您都应努力辅导孩子自己完成他的金钱消费的实践课。

做为一条规矩,家长可以主动发表一下自己的意见或建议,但是要把最后的决定权留给孩子。

大多数法国家长在孩子升入小学高年级即 10 岁左右时,就给他们设立了一个个人的独立银行账户,并划入一笔钱,数额一般是上千甚至数千法郎。在给孩子设立独立账户后,父母们就不再"定期"向孩子发放零用钱,只是在过节、孩子生日等"特殊时期"才向孩子发放些数额不等的零用钱。法国家长之所以热衷为孩子设立专门的银行账户,倒不是为孩子的消费提供方便,也不是图自己省事,甚至也不是出于教孩子学会保护好自己"钱袋"的目的,而是为了一个更宏大的目标:让孩子从小就学会明智、科学而不是机械、盲目地"理财"。事实上,孩子在正式拥有独立账户后,通过消费来理财的学习才算系统、全面地展开。当然,对第一次拥有这么多金钱的孩子,家长必须及时地引导,予以充分地关注。大多数孩子在刚拥有这么多钱后,会出现一种"消费膨胀"心理,表现为胡乱购买一些不需要或不合算物品。在发生这种情况时,家长一般并不横加责备孩子,而是把这当作是孩子学本领时必须付出的"学费"。而且,绝大多数孩子一开始出现的"消费膨胀"心理在经过一定时间的自我反省和家长帮助后都会恢复到正常状态。与"消费膨胀"相反的是,有少数孩子在无意之中过度捂紧自己的钱袋,他们往往会认为,既然这些钱都已归入我的名下,那么我就理应尽量缩小开支。

回想一下当年的你是不是也是直到有了"足够"的钱,可以不时地浪费一下的时候,才开始真正地对自己的钱负起责任来的。

┃财智箴言┃

要把孩子转变成负责任的花钱者,就要给他们机会花钱,他们需要机会去作或是聪明或是糊涂的决定,而且要经常给他们这样的机会。可以和孩子协商,如果是学费、教材费用或是全家一起的花费,就由父母出钱,但如果是自己想买的玩具、出游时的纪念品、朋友的生日礼物等,则要让他们自己付钱,因为如果他们花的钱不真的是他们的,他们就没有一个迫切的理由来留心钱是怎样被花掉的,就容易流于滥花、浪费的情况。

5. 打折、优惠有窍门

青扬很喜欢吃肯德基,那里的鸡块真是很诱人,其实,爸爸妈妈早就告诉青扬要少吃这些快餐,没太多营养,但青扬还是忍不住,隔一段时间总是缠着爸爸妈妈带他去一次。

肯德基为了招揽生意,留住老顾客,每月都会向消费者赠送优惠券,这些优惠券也可以在网上下载打印,一般用优惠券购买比不用优惠券要便宜好几块钱。保存并善用每一张优惠券,买东西时可以省下不少钱。

青扬平时很爱收集肯德基的优惠券,这样能够省下不少钱。妈妈看到他很喜欢收集优惠券,就把平时家里的其他一些优惠券和打折卡,也交给他来管理。妈妈每次带青扬一起去逛超市、商场购物时,他自然而然会考虑是否有优惠。

青扬渐渐地在自己的消费过程中,也喜欢去询问有没有优惠,怎样才能优惠。青扬的学习用品一般都是打折优惠时买来的,既省了钱又买到了心仪的物品,两全齐美。

孩子在购物的过程中,很多时候不会去想省钱的问题,这是一个消费误区。孩子在消费的过程中,一定要学会如何来省钱。先有了省钱意识之后,才会更加关注有哪些打折和优惠的信息,做到最佳消费。

打折和优惠都是商家为了促进消费,而采用的一些促销形式,能够让顾客花较少的钱,在特定的时期内买到更多的东西。这是每个消费者在消费过程中,都应该关心的问题,因为可以帮自己省钱。父母要利用好这些机会,让孩子明白打折和优惠,会给自己带来哪些实际的好处。

父母还要让孩子明白,商品在哪些情况下会出现打折的情况,这样孩子才能够更好地把握住打折优惠的购买时期。比如,新产品在刚上市时会出现优惠促销现象,在尾期和销售淡季会出现打折的现象;一些大型节假日,也是打折优惠的高峰期。父母要教孩子会在这些打折、优惠时期来消费,这样可以帮孩子省下不少的钱,尤其是在购买大件商品的时候。

当然,还应教会孩子识破一些打折、优惠的陷阱。很多商家会利用打折的消息来欺骗消费者,商家会先提高商品的价格,然后再挂出打折的条幅来吸引顾客。如此一来,打折也只是一个幌子。要多给孩子传授这方面的经验,避免孩子受蒙骗。

6. 等几天,到网上买

子妍的爸爸妈妈都是比较前卫的消费族,很多家用的东西是通过网上购买的,包括子妍的笔记本电脑。

这天,子妍和妈妈逛书店,看中了一本《环球旅行》,这是本全彩图书,价钱自然不便宜,近60元,并且没有折扣。

妈妈动员子妍:"咱回家上网买吧,网上的书是很多的,而且分类很细致,有时能打7折,省下的钱还可以买别的书呢。"

回家后,子妍和妈妈上网一搜,还真发现从网上订书程序是很简单、方便的。子妍高兴地对妈妈说:"还是货到付款呢!"

妈妈说:"是啊,以后再逛书店时,你把喜欢的书记录下来,然后回家上网买,能省好多钱呢。"

随着计算机和网络的普及,大家对网络并不陌生了,现在上网购物已经成为了一种时尚潮流,网上购物方便、快捷,浏览所有商品只需动动鼠标就可以了,更重要的一点,那就是在网上购物要比去商场、专卖店便宜,为什么呢?

试想一下,如果你是卖东西的,你要选择地点,选择货源,选择工作人员……不是吗?那么每个月的房租、工作人员的工资……这么多的费用使你不得不从所出售的商品上获得,你的商品价格自然就高了。

但如果在网站上开个专卖店,没有这么多的花销,商品的价格自然也就便宜了。

但网上购物也有很多弊端。因为大家只是通过图片来了解这个商品,看不到实际的东西,有些商家就会乘机以极低的价格卖假货,欺骗消费者。还有的人在网上一看,这么便宜,就买了很多自己不需要的东西。所以,在网上购物,不要只图便宜,要考虑清楚了再买,还可以参考一下已经购买了这个商品的用户的相关评论。

7. 想要的东西太多了,怎么办

宋丹丹带儿子巴图去自由市场买菜,儿子想买一本卡通画册。为了不让儿子觉得想要什么都可以唾手可得,想要什么妈妈就肯定会掏钱包,想要什么都可以理直气壮地指什么来什么,宋丹丹决定教儿子人生第一课。

巴图意外地没有如愿以偿,他"哇"地一声大哭起来,然后坐在地上。

大多数父母不可避免地都会遭遇到这种尴尬的场面。很多父母为了面子,会选择向孩子妥协,赶紧买一本画册满足孩子的意愿,使孩子喜笑颜开。或者有些父母会试图马上跟孩子沟通,期望来一场情景教育,说服孩子放弃买画册。这种处理方式的结果,基本上会事与愿违,因为孩子也要面子,在大众面前,孩子不会轻易屈服。

宋丹丹的做法是很多父母没有想到或不会选择的,"不要理他"这一招,也是巴图始料未及的。当妈妈走出 30 米,小巴图的哭声逐渐小了下来,大约走出 50 米,小巴图停止哭声快步跑着跟上来了。

事情到此并未结束,睿智的宋丹丹决定跟 3 岁的儿子谈话。也许有家长会认为,跟 3 岁的孩子有什么好沟通的?听得懂吗?千万别低估了孩子的能力,有一天您会发现,他们就是一本账。

到家后妈妈把门关上说:"妈妈为什么要关门,巴图?妈妈怕别人听见,因为你今天做了一件特别丢脸的事情!"

"大人挣钱很不容易,工作特别紧张,挣来的钱要养家,要做许多事情。你不能想要什么就一定得到,得不到就大哭。街上的人都看着,所有的人都会以为你是个不懂事的令人讨厌的孩子,因为想要什么不给就坐在地上大哭是最令人讨厌的了,而你本来不是这样的孩子,你从来都那么乖,你今天怎么了?"

"今天你很让我为你伤自尊!妈妈知道你已经明白自己错了,妈妈知道你以后再不会这样了,妈妈不会告诉爸爸和爷爷。因为妈妈知道你是个好孩子,你会改。"

自那之后,巴图没有因为想要一样东西得不到而哭过。

当然,不是只做一次就可以把孩子教育好,孩子的自制力是比较弱的,大人要不断地巩固成果,直至孩子形成习惯。毫无疑问宋丹丹也是这么做的。

对孩子来说,幸福就是能用很多的钱买想要的东西:比如好吃的糖果、玩具、迪斯尼乐园旅行、新衣服、电脑……孩子逐渐长大,对金钱的认识也愈加清楚。到了五年级甚或更小的时候,孩子就知道和周围的人攀比了,他们可以如数家珍地说出各种知名品牌。大家都知道,奢侈和纵容会令人堕落,而孩子们尤为如此。如果他们不知道获得金钱和好的生活是要付出代价的,那么欲求的不断满足很快将使孩子们失去乐趣。真正的满足需要一点儿的耽搁、暂时的挫折和一些期待。

┃财智箴言┃

孩子需要适当的纪律和约束,不应该要什么给什么,如果这样,他们将很快失去对金钱的重视。给孩子一些约束可能是困难的,但绝对是必要的,尤其在涉及到金钱和给孩子买"想要"物品的时候。

8. 巧用信用卡

信用卡之所以能受到这么多人的欢迎,是因为它的"可以透支"和"有免息付款期"的功能。这两项功能给我们提供了很大的方便,很多人少则两张信用卡,多则七、八张信用卡,在消费的时候随手拿起一张就刷,次数多了也不记得到底用了哪张,到底花了多少钱,这就很容易使自己不能及时还款,而付出高达 18％的年息和 5％的滞纳金了。所以不要认为信用卡就是魔术卡,可以任意使用。

免息期是指贷款日(银行记账日)至到期还款日之间的时间,是银行为鼓励消费给客户提供的可以延迟付款的优惠,运用得好,可以享受到 50 天至 60 天的免息期。在申请信用卡的时候可考虑申请两张以上不同结账日的卡,这样就可以利用不同卡消费,来拉长还款日期,从而利用自己的钱在免息还款期内做其他投资,比如购买一些银行以周或月为投资周期的短期理财产品。需要记住的是,在账单日的第二天消费能享受最长的免息期。而自己的信用卡也凭添了不少积分,积分攒到一定程度还能兑换心动的礼品。

目前各家银行规定的 50 天(或 56 天)免息期计算并不相同,在用卡前最好能心里有底,现在很多银行都开通了自动还款和短信通知功能,另外还有网上银行、电话银行可以查询、缴费,只要在办卡同时选择连接账户,选择全额还款方式,并保证在扣款时该账户上的余额足够,就能高枕无忧地享受免息待遇了。

了解自己的收入及支出是理财的基础,信用卡每月的结算账单会逐笔列出消费的日期、商店及金额,在与自己平日消费中保留的单据进行核对无误后,加以整理分析,哪些该消费、哪些可以延后消费、哪些根本不必消费,从而控制自己的消费行为,做到理性消费,减少浪费。

现在申办信用卡、现金卡甚至小额信贷的手续都相当简便,申请门槛又低,可支用的消费金额往往是本身薪资水准的好几倍,甚至连没有工作的学生族群都能轻易的申办。于是一些面临消费诱惑的年轻人,见到心爱的精品服饰就拼命刷卡、预支现金,如果没有预算规划,可能等到支付账单时,才惊觉自己成了花光薪水的"月光族",或是背负高额债务的"信用卡奴",这都是因为没有建立良好的理财观。

在德国的中国留学生中曾经引发过一次诚信危机。很多中国人弄虚作假做惯了,"枪手"、"做假证"什么的传到了德国,甚至在报上登广告,这在德国引发了诚信危机。德国有一套机制来维护诚信,比如说德国人没有听说过"做假账"这个词。德国的财务人员不敢做假账,他们是大学毕业之后,还要经过大约两三年的学习才能够做财务人员,要是做一次假账,就终身不得再做财务工作。

德国驻华大使馆为此专门成立了留德学生审核部，中国人要去德国变得比以前麻烦多了。在德国，中国学生考试，德国人会拿了照片，反复地看你的脸相，要看长得像不像这个人。在德国留学的许多中国学生都觉得脸面蒙羞。为什么德国人不用看，日本人不用看，偏偏只中国的学生被反复地看呢？

这就是诚信危机。分析世界上一些大企业家成功的因素不难发现，第一个原因就是诚信。市场经济是以诚信为基础的，没有诚信哪有市场，这是最基本的交往规则。信用也是一个人立身行事之本。孟子说："人而无信，不知其可也。"一个全无信用可言的人，一定会为众人所不齿。不要轻率许诺，轻诺必寡信。言必信，行必果，不仅是对别人的尊重，更是对自己的尊重。

信用是一个人与外部社会建立持续、稳定、良性循环且互动的公共关系的基础。在美国，个人信用体系的建立始于1860年，经历100多年的不断催生，历史上曾经存在过的上千家个人信用机构，已被全联公司（Trans Union）、艾贵发公司（Equifax）、盖百利公司（Experian）取代。在全美，这3家信用局掌握着1.7亿美国消费者的信用信息。每个人都是自己信用记录的监督者，被调查者发现自己的个人信用报告上有不准确、不真实的记录，可以马上通知信用局进行查实。谁愿意花钱买这种服务呢？这就是那些准备与消费者发生交易的另一方当事人。银行等金融机构发放个人消费信贷，为了降低风险,追逐利润,都愿意拿出一点钱来购买当事人的个人信用报告。而中国的个人征信制度虽然才刚刚起步,但从现在起,我们就应加强对孩子信用品质的培养,待到我国的信用体系建设与他们这一代人同步长大成熟时,就可以使他们应对成年后的社会经济生活和其他生活了。

| 财智箴言 |

信用卡的"信用"二字可是有实质意义的,维系个人良好信用记录的最好办法就是准时还款,如果工作忙,怕忘记还款,可办理自动转账扣款,如果因为其他理由而无法准时缴款,请迅速与发卡银行联络并说明处境,发卡银行通常能配合持卡人生活上的改变或其他负债的产生而改变账单周期,且尽可能不要影响到持卡人的信用记录。

9. 别留下孩子一人看广告

对孩子行为的影响,电视的作用堪称神奇。现在很多家长都已经意识到这一点,在孩子看电视节目的时候,陪伴在孩子的左右并作出指导。但对电视广告,很多家长却没有引起足够的重视。有些家长在广告播出时会趁机离开孩子,做些家务活什么的,殊不知,恰恰是这些色彩斑斓,画面滚动快的广告,深刻影响着理财教育的进程。纵然广告给人们带来很多的便利,但广告与理财教育始终是一对矛盾的统一体。

电视广告和电视节目对儿童饮食行为的最大危害在于,

儿童时期是饮食行为形成的关键时期,电视的食品广告多为高脂、高糖或高盐食品,而有关蔬菜水果的广告在儿童节目中却很少出现,并且广告中的食品通常被冠以"营养食品"、"健康食品"等用语。在垃圾食品电视广告环境中长大的儿童的不良膳食模式,很容易持续到成年后。

更有甚者,由于包装内的玩具、促销卡太有吸引力了,往往孩子拿了促销卡与玩具后,里面的干脆面、果冻、虾条反倒扔一边去了,造成了巨大浪费。要为您的孩子阻挡住无时无刻不在的广告炮火攻击几乎是不可能的,广告商们正在将越来越多的推销手段瞄准儿童。家长需要具备强大的防御力量以抵制广告对儿童的冲击。首要任务就是教导您的孩子——对他们所看到的广告养成一个健康的怀疑态度。

在教导孩子聪明消费方面,家长要发挥重要作用,对于这些诱人的广告,千万不要用生硬的手段,强硬地说"那是骗人的!",那样只会引起孩子的逆反情绪。可以通过事例,和孩子一起分析广告,以下是一些教孩子看穿广告的方法。

❀ 和孩子一起看电视节目,尽量对孩子讲明白广告的意图,尽管孩子的理解能力有限,如果家长常常对他讲,儿童会逐渐接受。例如这样一些画面,一位小朋友因吃了广告中的儿童食品,或喝了广告中的饮料,或用了广告中的学习用品,就会变得比别的小朋友聪明、健康、活泼,真的有这样大的作用吗?又比如那些巧克力饼干可以一直飞到小男孩的嘴里,你认为这是真的吗?饼干真有可能飞起来吗?

✽ 向孩子解释，广告所言并不全面，它们只强调积极因素，而讳言消极因素，鼓励您的孩子批判性地讨论与思考他们所看到的广告。

✽ 当您的孩子得到了一件令其失望的新玩具时，询问他们，玩具的广告与包装给人以什么期望，这些期望是如何破灭的。

✽ 将您现有的或在商店中看到的产品与电视广告中的产品进行比较，询问您的孩子：广告和产品有什么不同？哪个更令人兴奋？带孩子去商店并且实地指给他看，告诉他电视里看到的巨大无比的玩具发动机实际上仅仅如同乒乓球大小。

财智箴言

在实施理财教育计划过程中，家长们要充分重视广告对孩子的影响，帮助孩子对消费行为做出理智的选择，教会孩子懂得从广告中获得经济实惠的消费信息，而不是让广告牵着鼻子走，商品广告是说服人们购买某种商品的手段，不能作为评价商品的标准。是否选择这种商品不应取决于广告宣传的程度，而是自己的实际需要和商品本身的品质如何。必要时不妨带孩子到商店见识一下更多的商品，做一下同类商品的价格和质量比较。当孩子发现广告中宣传的未必是最好的，或者未必是最适合自己的东西的时候，可以增强对广告的识别力，抵御广告的诱惑。

四、零花钱该怎么挣

如今大多数孩子过得是衣来伸手饭来张口的生活,收入来源是父母给的零花钱,很难培养独立生活的能力。而等到他们上了大学,开始了独立生活或是参加了工作,拿到了自己的第一笔收入,也很难有恰当理智的分配,最终导致他们陷入财务窘境。

柏瑄4、5岁时,看见妈妈做家务就喜欢在一旁掺和。虽然很多时候是越帮越忙,但为了培养柏瑄的劳动能力,妈妈一直采取鼓励的态度。

妈妈擦地板时,也随手递给柏瑄一个小墩布,开始时柏瑄擦不干净,妈妈就再擦一遍。生活中这样的小事很多,诸如洗袜子、手绢,甚至包饺子,妈妈采取的都是鼓励的态度。

到了柏瑄7、8岁时,夏天的衣裤就都由她自己洗了。但对于钱,柏瑄从小没个概念,给多少花多少,想买啥就买啥。

自打柏瑄上小学二年级后,妈妈有意识把这两方面结合起来教育她。平日里,柏瑄完成扫地、整理床铺和洗碗家务后,妈妈就奖励她一定数额的零花钱。

柏瑄非常喜欢饲养小动物,一段时间,家里的阳台上养着一只小鸡,小鸡随处拉屎,弄得阳台上一团糟。柏瑄上学时忙于功课,妈妈每天负责清扫阳台。放暑假后,妈妈就把这个任务交给了柏瑄,每清扫一次奖励5元钱,劳动所得的钱,作为零花钱,由柏瑄自由支配。一个月下来,柏瑄手头积存了一笔不菲的零花钱。让家人诧异的是,花钱向来大手大脚的她,在有了钱后却突然变得很节俭了,不再乱买小玩意了。

生活中有的父母因为心疼孩子,有的父母嫌孩子添乱,不让孩子做家务;也有的生怕做家务,影响孩子学习。而对于孩子的要求,父母们总是有求必应,生怕照顾不周,亏待了孩子。久而久之,孩子成了只知索取,不知付出的"懒"孩子。

马文亚是中国传媒大学的在校学生,年仅21岁。据马文亚自己估算,从初中投资算起,他现在的总资产约为500万元。

马文亚在上小学的时候,迷恋上一款叫"大富翁"的电脑游戏。这个游戏里面有模拟的股票交易,让他第一次感受到了"钱生钱"的神奇力量。其他小朋友看到股票K线要么就头疼,要么就害怕,一般都依靠收地租挣钱。而他却在游戏中研究出了股票涨跌的规律,每次都能靠股票赚取最多的钱而获胜。

马文亚和别人的玩法有所不同,在这个靠买地收租金"圈钱"的游戏中,他不买地,把钱都用来投资"虚拟股票"。

小时候的马文亚,每天最大的乐趣是看新闻联播和财经新闻。12岁这一年马文亚就读完了所有他能见到的财经类的书籍,10年前可不像现在,跑遍整个新华书店,关于股票的书寥寥无几,至于"理财",应该就没有这个词,所以他才有可能"全部略读一遍"。

妈妈也感觉出马文亚在股票操作上面有天赋，就把自己的股票账户给他来操作，一直到了高中毕业他才开了属于自己的账户，所以马文亚的"股龄"有近10年了。

妈妈在马文亚5岁时就给他办了一张储蓄卡，整钱一般都是委托妈妈存在卡里的。没经他允许，谁也不许动。当时在上海买房子，妈妈向他借钱，他不愿意，才有了之后"入股房产"赚取买卖差价的想法。

2003年6月，马文亚念初三的时候，他说服父母，用自己的2万元积蓄投资了第一个楼盘——东方花园二期。

当时马文亚发现，这个位于上海徐汇区的别墅每平方米只卖4000元，而附近楼盘的售价超过了每平方米6000元。同学们课余时间都在玩，他则是去了解楼盘的情况和相关的法规。他搜集到的"情报"是，那个开发商规模很小，欠银行贷款太多，所以急于出售。

2万元再加上父母出的钱，马文亚一家付了东方花园二期7套别墅的首付。一年之后，那里的房价涨了一倍，马文亚的2万元变成了4万元。

上了高中之后，马文亚对楼市的关注有增无减，他把上海的楼盘几乎看遍了，妈妈的同事们有一个"炒楼团"，马文亚成了他们的"顾问"。

在高中阶段，马文亚又用自己的积蓄参与投资了玫瑰久久、世贸滨江花园、世纪花园、朗润园等十多个房产项目。

直到2006年来北京中国传媒大学上学，马文亚才终止了上海的炒楼经历。而最初的 2 万元,已经变成了近 50 万元。

现在,马文亚的北京投资生涯正在进行中。

小小年纪有如此的经济头脑,不可谓不是一个神童。但神童的出现离不开父母早期的培养。每一个父母都应注重对孩子经济意识的关注,从生活的一点一滴中给孩子灌输理财的概念。

┃财智箴言┃

美国著名的财务顾问瑞克·爱德曼曾经对经济方面成功的 5000 名客户进行调查,结果很快就找到一个共同点,就是在餐桌上和子女讨论有关金钱的问题。如此说来,理财教育并不复杂,最现成的方法就是和孩子开诚布公、坦然地讨论金钱。

第二章　换个角度看世界

淳亦上幼儿园大班了,一天清晨发生在家里的故事,让妈妈发现淳亦开始对钱感兴趣了。

"嗨!有28.80元零钱吗?幼儿园今天收《家教报》钱。"淳亦爸爸每次都是到了早晨才想起所有的事。

"看淳亦的钱包里有没有?"淳亦妈妈边说心里边嘀咕——为什么昨儿晚上不准备好了?

"不行,别动我的钱!"5岁的淳亦尖叫着从床上爬起来。

"嗬,妈妈以为你还睡着呢?"

"你的宝贝儿掉到钱眼儿里了!"孩子爸爸这时候还"趁火打劫"。

淳亦妈妈曾无意看到一则消息——在一次"钱从哪里来"的调查中,有不少孩子居然说是从取款机里取出来的,打那以后,她开始注意对淳亦的理财教育,没几个月时间,这淳亦居然就成了"小财迷",这可不是妈妈想要的结果,妈妈暗自琢磨着。在启蒙"小财迷"的同时,还要反思教育过程中存在的误区,孩子才能健康成长。

你家有"小财迷"吗?或对钱完全不在意?孩子出现这些问题正常吗?

象淳亦这样对钱这么在乎的孩子并不是多数,更多的孩子出现的问题可能是对钱毫不在意,对于他们来说,钱就象风一样——只知道它在身边,却根本不知道它从何而来。需要的零食、玩具和故事书都是家长买好了送到手边,那么,孩子们对父母给予的钱抱有一种无所谓的态度也就不足为奇了。

然而,在这样一个变革的时代,财富已不再羞羞答答地退居于幕后,而是成为衡量一个人价值的重要标尺。对金钱的使用、理解和实践,已经成为每个孩子都将面临的挑战。家长务必要将理财教育融入到日常的家庭教育中,承担起责任和义务,让孩子为将来面对真实社会提前做好准备。不论你是否善于理财,都应责无旁贷地接受这份任务。你要学习,你的孩子也要学习,才能跟上时代的脚步,一起应对未来经济生活的挑战。

一、当财富不再遮遮掩掩

从传统来讲,中国人是耻于与"财富"为伍的。这一点,在传统的社会阶层划分上显露无遗——"仕、农、工、商"。按照现在的时髦说法,"商"的地位,在历史上该是"底层"的"底层"。

直到 20 世纪 70 年代末期,中国人自由地梦想财富、追求财富的时代才真正到来,并迅速地膨胀,十年市场经济疾行,二十年改革风起云涌,人们财富观念的变迁依稀可辨。二十多年前甚至更早时,那些被人们称作"盲流"的人们便开始了在放逐中寻求财富与探求生活。

商人逐利的天性,在时光的颠沛流离中,为我们留下一串串的印记:从坑蒙拐骗到假冒伪劣,从倒卖走私到粗制滥造,再到保质保量,从规范经营到客户至上,再到社会公益……我们亲身经历、亲眼见证了人们财富观念的变迁,见证了对于市场经济从曲解误读,艰难适应到逐步领会。我们经历了实实在在的进步,尽管前面的问题丛生,艰难重重,但仍然令人期待。

王歆是北京一家外企的白领,是 2007 年加入"基民"大军的。2007 年 2 月,她买了广发策略优选基金,当时净值在 1.5 元左右,她的目标是翻番后就走人,没想到 9 月份就实现了目标收益。但此时,她有些贪心了,觉得未来可能增长得更好,就没有赎回,可没曾想,这基金净值随着股市急转直下,结果可想而知了,王歆真是后悔莫及啊。

"买基金了吗?"这样的问候在 2006~2007 年几乎成了见面语。有人说,2007 年是中国的"理财元年",许许多多从不知道投资理财的市民,从拿着自己的工资奖金战战兢兢买入第一只股票、第一只基金,到欢欢喜喜掘得个人投资生涯中的第一桶金,甚至开始迷恋"投资这点事"。中国股市大牛市的赚钱效应不仅吸引了大批新股民入市,与此同时,基民队伍也不断壮大。在券商营业部和银行里,到处能见到新基民忙碌的身影。当那些老年人将毕生的血汗钱投入到基金上时,当某些求财心切的"投资者"将房子、汽车送进典当行质押或贷款入市时,其投资的盲目性便凸显无遗了。

　　基金的热销与许多新基民对基金知识的一无所知形成鲜明对照。没有一个投资市场是永远只涨不跌的,从本质上讲,基民的非理性投资是一种投机行为,尽管基金不等同于股票,但风险却是一样的。事实证明,时至今日,还有许多投资经验不足,又没有多少投资知识的基民深套其中。

　　这是一个全民理财的时代,这又是一个资讯发达的年代。处在这样一个时代,我们时而因经济发展的高歌猛进,带动股市暴涨、房价飙升而欢呼雀跃,时而又因GDP增速放缓,CPI、PPI一路走高,进而导致个人金融资产大幅缩水而寝食不安。于是间,理财在一夜之间红遍大江南北,稍有头脑,稍具生活常识的人都从过去计划经济的时代走了出来,如今"恩格尔系数"、"CPI"、"GDP"、"PPI"成了投资者口中的流行语。每月中旬,国家统计局发布的经济数据更是牵动着亿万投资者的神经。这是一个社会进步的标志,更是投资者成熟的表现。

　　如今,困扰人们投资行为的不再是资讯不发达,而是信息混乱。任何一项政策出台,任何一种经济现象的发生,都会引来五花八门、自相矛盾的解读,使人看后、听后如坠五里雾中,不知所措。究其深层原因,是由于我们所处的时代和经历不同,而自身财富意识、知识匮乏,且从未做过任何理财规划所致。这样的父母如何引领孩子的财富人生?

　　美国慈善机构格莱德基金会发言人2008年6月宣布:

下次与巴菲特共进午餐的慈善竞拍活动以创纪录的 211 万美元画上句号,赢家是来自中国一家投资基金的总经理赵丹阳。这一数额是去年与"股神"共餐机会成交价的 3 倍多,同时创下电子港湾(eBay)成交价最高的慈善竞拍活动纪录。2007 年竞得这一机会的美国 Aquamarine 资本管理公司首席执行官盖伊·施皮尔于 2008 年 6 月如愿与巴菲特共进午餐。他以亲身感受解释说,能倾听投资大师的心声,这样近距离的"朝圣"之旅值。

的确,赵丹阳无疑是当今中国证券市场最显赫的人物之一。这不仅仅是因为 2007 年初他就成功预测出当年国内股市将成为迄今为止的大熊市,早早宣布退出国内投资运作,更在于当今世界经济面临衰退,全球股市风雨飘摇,投资者信心极度低迷之际,赵丹阳率领旗下的赤子之心中国成长基金再度出手,而且短短 4 个月就获得了 28% 的账面盈利。

财富是支撑个人和社会存续的必须,是维持人类发展必不可少的要件;财富还意味着人们的幸福安康,意味着能实现更高的社会理想。

世界首富比尔·盖茨在英国伦敦庆祝自己 50 岁生日时宣布:"数百亿美元巨额财富将捐献给社会,不会作为遗产留给子孙。自己挣来的巨额财富对个人来说,不仅是巨大的权利,也是巨大的义务"。这就是盖茨的财富观。他用自己的行动向世人袒露着和谐世界应有的财富观和人生观,其正面意义毋庸置疑。这位财富英雄无疑会让世人尊敬,而且可以肯定的是,百年后的比尔·盖茨定会流芳千古。但在中国式的宣传教育方式中,财富英雄比尔·盖茨的财富观和人生观对中国富豪的震动究竟有多大?

|财智箴言|

　　财富理念并不是与生俱来的,与每个人的成长经历、身处的环境、所持的财富观等都是相关联的。如果说我们年龄已大,受兴趣、专业知识等因素的影响,可能提高的空间已经不大了,但我们总不能让自己的孩子和我们一样无视社会发展的规律。在培养教育孩子的过程中,除了让他们吃好、喝好、玩好、身体好、学习好、人品好之外,还应加入财富教育的内容,让孩子从小树立正确的财富观念,为他们未来的成长奠定良好的基础。

二、千万别跟财富拗着劲

　　一个普通的美国人山姆出生于 1926 年,由于山姆的出生,家里的开销增加,山姆的父母决定把本来用于买车的 800 美元拿去做投资,以应付山姆长大以后的各种费用。因为他们没有专业的投资知识和手段,也不知道如何选择股票,所以他们选了一种相对稳妥的投资品种——美国中小企业发展指数基金。

　　和许多中小投资者一样,他们并没有把这个数额不大的投资太当回事,也并不怎么放在心上,慢慢就把这事给忘了,直到过世时才把这部分权益转给了山姆。2002年,山姆在自己76岁生日那天,清理自己的东西时,偶然翻出了70多年前的基金权利凭证,于是给该基金代理人打了个电话询问现在的账户余额。听完电话那头的结果,他又给自己的儿子打了个电话。山姆只对儿子说了一句话:"我们现在是百万富翁了。"因为山姆的账户上有了3842400美元!

要知道,在这76年间,美国遭遇了1929年的股市大崩溃、20世纪30年代初的经济大萧条、40年代的第二次世界大战、50年代的人口爆炸、60年代的越南战争、70年代的石油危机、21世纪初的9.11恐怖袭击事件等让众多投资者倾家荡产、血本无归的种种危机,但山姆却因长捂不放,收益惊人!

如果你也想让自己的孩子成为千万富翁,你需要做什么?你只需按照下列方法去做就可以了。

假如你的孩子刚刚出生,你打算让孩子40岁时成为千万富翁,那么从现在开始每个月只需投资714.6元,每年的回报率保证在13%以上,40年后孩子的资金将积累到1000万元。

如果你现在已经给孩子储备了3万元,那么只需每个月投资494.6元,40年后孩子也会成为千万富翁。

好了,从现在起,你每个月少去一次超市,少买一些没有营养的小零食,节省下来82.2元,如果你的年投资回报率是

13％,那么 40 年后也将是百万富翁了。

钱少的时候,你可能会抱怨无财可理;钱多的时候,人们又觉得没有时间去理财。有钱、无钱、钱多、钱少,都成了忽视理财的借口。你的收入本来就勉强维持生计,除去开支所剩无几,似乎无财可理,但是你可能忽略了一个重要方面,就是理财不仅要开源,也要节流,钱少的人更需要合理地安排和规划自己的支出,花好每一元钱。增加自己的投资知识,尽量获得高回报率,在理财生活中,不断总结经验,学习理财方法,使自己的财富增值。实际上,投资理财没有什么特别的奥秘,也不需要复杂的技巧,观念正确就能赢,理财只不过是要培养一种别人很难养成的习惯。

每个人一生中,都有许多生活目标待完成——求学、购车、结婚、买房、生儿育女、创业、退休、养老……每个生活目标,都需要资金的援助,徒有目标,没有资金,往往变成空想。因此,近年来国内外兴起目标理财规划的热潮,原因很简单,就是为了让生活目标不再变成空想。发展至今,目标理财规划已被广泛运用在"子女教育金"、"购房"、"养老"等中长期投资上。

现在每个家庭一般都只有一个孩子,小孩成了家庭中的重点投资对象,相信每一位父母对孩子的将来都抱有美好的憧憬。而与此同时,接踵而来的各项支出,特别是孩子的教育费用支出令大多数父母感到了压力。单纯依靠储蓄存款解决不了问题,因为教育费用每年都在上升,而通货膨胀又使购买力萎缩。因此,如何为孩子未来成长做好合理规划,成为父母非常关心的问题。

由于教育费用支出必然会在将来某个时间发生,缺乏时间弹性,因此在现阶段就要根据家庭的实际情况提前做好规划,以免陷入被动的局面。可遵循以下几个步骤:

(1)了解当前的教育收费水准和增长情况。

(2)客观地分析孩子的优劣势再去权衡更适合哪一种教育模式,要因人而异,不要盲目跟风。

(3)根据家庭经济状况和风险承受能力,采取不同的投资方式(如教育储蓄、保险、基金、股票、房地产等)。

(4)在计划实施的过程中,随时根据市场和家庭的变化情况加以调整。

举个例子来说,如果您现有 50 万元,是为孩子到国外上大学而预备的,几个月后就要交这笔学费,那这笔钱就不该投往股市这种高风险的地方,或房市这种流动性较差的市场,而应该去买货币基金等流动性好、安全性高的产品。因为如果这笔钱在股市中有所损失,则可能会影响到孩子的学业。

但是,如果孩子在 10 年后才用到这笔钱,这 50 万元就不应该放在货币基金或银行存款中。因为目前 2% 左右的定期存款利率及货币基金收益率,根本就无法抵抗通货膨胀对我们财富的侵蚀。同时,因为有 10 年的投资期限,我们可以承受更多的风险,即使投资在股市或股票基金上出现了一时的亏损,我们也有时间等待股市反转,不至于影响到孩子的读书计划。

┃财智箴言┃

父母为孩子精心设计的理财方案只能为孩子提供有限的金钱,最重要的还是让孩子自己懂得理财,那就可以使有限的资产不断累积。古人说:"授之以鱼,不如授之以渔"。在孩子成长的过程中,最重要的是从小培养孩子的金融意识,养成孩子良好的理财习惯,树立他们正确、朴素的金钱观,这将使孩子在今后的人生道路上受益匪浅,也是父母为孩子所做的最重要的人生规划。

三、你的钱多少年能翻番

我们常喜欢用"利滚利"来形容某项投资获利快速,报酬惊人。进行理财规划时,了解复利的运作和计算是相当重要的。

李嘉诚先生从 16 岁开始创业,到他 73 岁时,家产就已达 126 亿美元,这是一个天文数字,对于普通人是不可想象的,李嘉诚也因此成为世界华人的首富。但是我们仔细来算,如果我们用 1 万美元来投资,且每一年复利能达到 28%,用同样时间,就可以做到同李嘉诚一样出色。

猛然看,一年 28% 的利润并不高,如果投资股市,我们也许会在一、二个星期的时间里获得比这高得多的收益,但事实上,成功的艰难不是在于一次、两次的暴利,而是持续的保持。如果赚一两次钱就沾沾自喜,是体会不到复利的魅力的,成功的关键就是端正态度,设立一个长期可行的方案,并持之以恒的去做,成功就会离我们越来越近。

投资的成败包含了许多原因,但永远不变的原则是,在跟时间的斗争当中,谁的忍耐力强,谁就能获得成功。投资一年就必须收回本金的人与十年收不回本金都感到无所谓的投资者相比,谁的投资成功可能性更大一些呢?毫无疑问,拥有富余时间的投资者能充分享受时间效用,创出更多的价值。"复利"是最能体现时间就是金钱这一真理的"商品"。

复利具有"四两拨千斤"的效果。虽然该投资商品的复利收益率只比别的投资商品多 0.1%,但是在最终的收益决算时,却能获得比其他投资商品高数倍乃至数十倍的收益,除了用本金赚利息,累积的利息也可以再用来赚利息。因此,你应该选择哪怕是投资收益率只高 0.1% 的复利投资商品。

然而,在各种投资理念当中,最容易被人看轻的也是复利。复利是一种计算利息的方法。按照这种方法,利息除了会根据本金计算外,新得到的利息同样可以生息,因此俗称"利滚利"或"利叠利"。复利计算的特点是,把上期末的本利作为下一期的本金,在计算时每一期本金的数额是不同的。

虽然初次投入的钱微不足道,但是随着投资时间的延长,投资回报率就会以几何级数增长。因此,你希望尝到投资复利的甜头,就一定要尽可能地延长投资时间。总而言之,尽可能早地投资,投资的周期尽可能拉长,就能获得较高的收益,这跟酒越酿越醇的道理一样。

当然,复利的效果很难用精确的方式推算出来,遇到需要计算复利报酬时该怎么办呢? 这里有个简单的"72 法则"可以解决问题。

所谓"72 法则"就是以 1％的复利来计息,经过 72 年以后,你的本金就会变成原来的一倍。这个法则好用的地方在于它能以一推十。例如,利用 6％年报酬率的投资工具,经过 12 年(72/6)本金就能翻一番;而如果你手中有 1 万元,运用了报酬率 15％的投资工具,经过约 4.8 年,1 万元就会变成 2 万元;同样的道理,若是你希望在 10 年内将 50 万元变成 100 万元,应该找到至少报酬率 7.2％以上的投资工具才能达成目标。

"72 法则"虽然没有查表那么精确,但却简便易行,学会活用它,对投资来说,是相当重要的一件事情。

关于复利,美国早期的总统富兰克林还有一则轶事。1791 年富兰克林过世时,捐赠给波士顿和费城这两个他最喜爱的城市各 5000 美元。这项捐赠规定了提领日,提领日是捐款后的 100 年和 200 年:100 年后,两个城市分别可以提50 万美元,用于公共计划;200 年后,才可以提领余额。1991

年,200年期满时,两个城市分别得到将近2000万美元。富兰克林以这个与众不同的方式,向我们显示了复利的神奇力量。富兰克林喜欢这样描述复利的好处:"钱赚的钱,会赚钱。"

┃财智箴言┃

复利的概念很简单,也很容易理解。只要掌握了这其中的奥妙,就能够快速计算出财富积累的时间与收益率关系,这非常有利于你在不同时期的理财规划中选择不同的投资工具。比如你现在有一笔10万元的初始投资资金,希望给12年后上大学的女儿用作大学教育基金,同时考虑各种因素,估算出女儿的大学教育金到时候一共需要20万元。那么为了顺利实现这个目标,你应该选择长期年均收益率在6%左右的投资工具,比如平衡型基金。

四、流星一样的富豪榜

香港中文大学曾经做过一个关于亚洲家族企业的调查,调查的范围包括港、台、日等500家上市家族企业,调查的内容是第一代白手起家之后,家业是否能在三代内顺利传承。调查结果发现,近15年来,有三成企业可以成功传到第二代,而成功传到第三代的却只有5%。

在美国,也有相关调查表明家族企业在第二代能够存在只有 30％，到第三代还存在的只有 12％，到第四代以后依然存在的只剩 3％了。

如今，追逐财富已经不是一件需要遮遮掩掩的事。中国人的财富在增加，富豪也在不断增多。在 2007 年的胡润富豪榜中，以上榜门槛 8 亿元算，有 800 多人入选，其中身价百亿者多达 75 人，而在 2006 年仅有 10 人，财富的增长速度可见一般。有人统计，800 位上榜富豪的资产总和占 2006 年中国 GDP 的 16％。

超级富豪成为当今普通中国人艳羡的对象，成为激发很多年轻人奋斗的精神偶像。越来越多的富豪榜为我们呈现出各式各样的财富传奇。但是，富豪的财富经得住考验吗？孙树华、谢国胜的落马一度使富豪榜成为魔咒。其实，富豪榜没有错，上榜也没有错，"君子爱财，取之有道"，问题在于富豪获取财富的方式是不是阳光。

无独有偶，国外的富豪们也在斗转星移。《福布斯》杂志从 1982 年公布"福布斯 400"富豪排行榜以来，到今天，只有 50 位富豪依然榜上有名，也就是说高达 87％的富豪富不过一代，甚至象流星一样一闪而过。

通过对《福布斯》杂志最近 20 年的全球富豪排行榜进行研究，摩根银行发现，在 400 位曾进过全球富豪排行榜的名流中，只有 1/5 的人能够维持其地位，大多数富豪因"千金散尽"而退出富豪排行榜，有的甚至已经破产。

摩根银行分析认为，投资失误、重税和挥霍无度是搞垮这些金钱王国的三大原因。特别是由于许多富豪后代花钱如流水，导致这些豪门往往富不过三代。"勤俭"是守住财富的非常有效的方法。世界上没有哪种投资能够支撑起大手大脚的花钱，不管你有多少钱，每年的花销都不要超过资产的 3% 或 4%，这绝对是一项明智的举措。如果每年的花销超过了资产的 7%，那么 20 年后，花光所有钱的可能性高达 80%，原因很简单，就是"通货膨胀"。很多人经常有意无意的忽略"通货膨胀"的因素，其实"通货膨胀"是财产的强"腐蚀剂"。20 年后，由于"通货膨胀"的因素，人们手中的钱将贬值 20%，这还算是乐观的估计。

世界正在经历规模最大的一次两代人之间的财富交接，未来 5 到 10 年将是中国企业交接班的高峰期。中国第一代企业家是怎样抚养子女的（这不光是家事）？给下一代留下了什么样的财富和精神特质？衔金汤匙出生的"富二代"有什么样的成长路径和性格特征？他们会顺利接班呢，还是扶不起的阿斗？这一代人有摆脱不了的魔咒吗？

在美国，很多大学校园里闪动着来自中国学生的身影。他们的名字，不，他们父辈的名字更加耳熟能详："碧桂园"杨国强的女儿杨惠妍在俄亥俄州立大学；"宗申集团"左宗申的女儿左颖在迈阿密大学；"娃哈哈"宗庆后的女儿宗馥莉先读了加州圣马力诺高中，又上了佩珀代因大学；"新希望"刘永好的女儿刘畅 16 岁就去了美国读 MBA……

这是一份还在不断增加、不断更新、并且有可能不断删除的名单,它像是一张通往未来商业世界的门票,正被心照不宣地流传着。终究有一天,它会像美国的新富名单一样,被描述成一个阶层的"社交名流录"。在国外的精英教育、财富氛围中,这一代年轻人身上有很多相似之处:与生俱来的优越,以及终将不可避免的压力。一个靠继承财富而上位的"富二代"阶层,将完成中国历史上从未真正有过的代际传承和阶层变迁之使命。

对于刘畅来说,南方希望董事长的头衔可能有些沉重,刘永好定下规矩,10年内她不在媒体曝光。他私下告诉《中国企业家》,"年轻人跟我们那一代的生活背景不一样,学习情况也不一样,视野也不一样,我们不能够要求下一代跟我们当初一样那么艰苦,那么拼……但是他们接受现代的意识,国际的思维,是我们所不具备的。"

中国的富二代很难以一个类型来概括,他们状态不一,是选择多元和变化多端的一代人。比起诸如杨惠妍、宗馥莉、刘畅等有公众知名度、位高权重的女二代。生于70年代的一批男二代已经完成民营企业的接班了,比如"万向集团"鲁伟鼎,"方太厨具"茅忠群,"红豆集团"周海江,但更多80后二代还充满了不确定性。

中国人讲三代为官才懂吃穿,时间、环境才能养成富人思维,为什么常说富不过三代?其中二代要负责,但是二代不起来,下一代则要负更大责任。

为什么富不过三代?在由第一代创富者进行财富积聚

的今天，值得家长们深思。

第一代创富者具有累积财富的基本要素及个人奋斗动力，即使在偶然奢侈挥霍的情况下也具有自然的道德反省能力，因此即使偶尔堕落也常能回归到一个适当的状态，以维护来之不易的财富。这一代人具有超常的奋斗、尝试、学习的能力。

第二代创富与守富者，通常部分观察与了解父辈的经历，也有一定的财富累积的经验，但他们通常已经见到了财富的成形，对于财富的承接是基于自己的身份条件优势，仍能感受较强的来自父辈日常教训的发展危机感。

而今天大部分第三代继富者尚未成型，他们生活在一个与创富者完全不同的生活环境与条件下，尤其是第一代创富者往往给予第三代远超过社会常规的优越生活与学习条件，从而开始塑造出一代自我优越感极为突出的孩子，他们在能力、魄力与见识上足以担当继富重任吗？回答大半是否定的。

中国现在的这代富人正在做一些危及财富继承的事情：让孩子生活得过于优越并在与普通孩子隔绝的优越环境中成长；让孩子学习过多的艺术与趣味项目，使得孩子的性格过于浪漫与散漫；让孩子从小留学，使其养成文化归属感难于确定的边缘化人格；缺乏对于孩子心理需要的系统管理，成为父母人格期望或者人格缺陷的简单承受者。

今天中国的创富者在关注企业可持续发展的同时，已经到了全面检讨孩子教育政策与财富传人管理模式的时候了。西方国家在这方面优于我们。他们不少人纵然是泼天之富，一般也不任由子女挥霍，而是鼓励子女独立，引导他们自己创业。象世界级富豪比尔·盖茨、沃伦·巴菲特，他们均将多数财产捐献给了公益事业，只将少部分留给儿女。这样的做法使子女们依赖性大大降低，自立能力反而全面加强。

"方太厨具"茅理翔的解决之道对这一代富人应有所启发。

"第一代既要成为一个好企业家，也要成为一个好父亲——人到中年重新学习做父亲，培养儿子成为新的企业家……父亲要放手，当然前提是儿子有使命感、责任感，要成才。"

1996年，刚满26岁的茅忠群和父亲一起创建了"方太"品牌的厨具，媒体提起他，经常用"俊朗的年轻人"来形容，现在，方太公司的品牌评估价值已经达到8亿多元人民币，而茅忠群也提前通过了父亲茅理翔当初设定的对他的"带三年，帮三年，看三年"的阶段，家族企业的经营权已经交由茅忠群掌管了，这位上海交大硕士，正一天比一天引人注目。

最终说来，"富二代"的问题是中国普遍的子女教育问题的现实版。尽管"富二代"接掌财富与权力的时刻并没有真正到来，但很快他们将粉墨登场，从父母怀抱里走向社会竞争，以不确定的方式出现在商业舞台上。他们是宿命的"过渡的一代"，还是大有希望的"超越的一代"？他们不光不能掉棒,还得把"圣火"传递下去,两代人及整个社会都需要付出努力。

确实,那些生在豪门的孩子们似乎从一出生就注定,这辈子他们的主要任务就是花钱和享受。穷奢极欲的结果往往就应了《红楼梦》那话:"陋室空堂,当年笏满床;衰草枯杨,曾为歌舞场"。然而这也并非注定,另有一些富豪后代励精图治,站在巨人的肩上把家族事业更加振兴壮大。这两类人对比鲜明,相映成趣。

▎财智箴言▎

对于我们这些普通老百姓来讲,在过去的两年多时间里,其中的很多人也收获了大量的财富,但也有些人出现"得而复失"的尴尬。为什么有些人能够守住财富,而另一些人失败了?能否让自己手中的财富持久、持续增长?在贯穿我们一生的投资理财过程中,我们有碰到"暴利"的诱惑,也有碰到"暴跌"的可能,与财富打一场持久战,也许是更为理性的一种选择。不管怎么说,对于每一个人来讲,如何留住财富的确是一项不小的挑战。

五、财商是要习得而来吗

我们生活在经济社会中,时时刻刻都离不开钱。每天我们都要面对赚钱、花钱、存钱、投资等直接和钱有关的活动,而每一个环节都因为个人财商不同,产生的结果完全不一样。一样的股市、基市、房市,因为人的不同,有的人赚,有的人赔。所以,拥有财商、提高财商是我们现代人必备的基本素质。你可以一时没钱,但你决不能一世没有财商。"上算智生钱,中算钱赢钱,下算力换钱。"这句经典的俗语更能说明财商的重要。

2001年,汤小明先生带领"富爸爸"项目组全程策划了《富爸爸 穷爸爸》系列丛书,掀起了席卷全国的"财商"风暴。书中罗伯特·清崎谈到:"之所以世界上绝大多数的人为了财富奋斗终生而不可得,其主要原因在于虽然他们都曾在各种学校中学习多年,却未真正学习到关于金钱的知识,其结果就是他们只知道为了钱而拼命工作却从不去思索如何让钱为他们工作。"他还强调,"今天我们的教育体制已不能跟上全球变革和技术创新的步伐。我们不仅要教育年轻人在学术上的技能,也要教育他们理财的技能。这不仅是他们在这个世界上生存下去,而且是生活得更美好所必须具备的技能。"汤小明先生是一位儒商,从"现金流"游戏体验中,他感悟到了财商的真谛,最终促成了"富爸爸"项目的成功运作,他认为财商是指一个人认识和驾驭金钱运动规律的能力,包括观念、知识、行为三个层次。这三者互为补充,互为支持,共同构成一个动态的发展的财商概念。

财商是与智商、情商并列的现代社会不可或缺的素质。可以这样理解:智商反映人作为一般生物的生存能力;情商反映人作为社会生物的生存能力；而财商则是人作为经济人在经济社会里的生存能力。

有记者问世界巨富巴菲特："你是如何走到现在这一步，成为比上帝还富有的人的？"

巴菲特回答："我怎样走到这一步说起来也很简单。我的成功并非源于高智商，我相信你们听到这一点一定很高兴。我认为最重要的是理性。我总是把智慧和才能看作是发动机的马力，但是输出功率、也就是发动机的工作效率则取决于理性。那么，为什么一些聪明人在做事情的时候却不能获得他们应该得到的结果呢？这涉及习惯、性格和气质等方面因素，涉及行为是否合乎理性，是不是自己在妨碍自己。就如我说过的，这里每一个人都完全有能力做我所做的任何事情，甚至做比我多得多的事情。"

按道理讲，智商高的人事业成功的几率就一定高于智商低的人，可事实却并非如此。那些智商高得惊人的奇才们却很少有成功者，而那些测起来智商平平的群类中，却人才辈出，成功者涌流不竭。这是一个非常有趣的现象——智商并非是事业成功的唯一因素？面对这些现象和问题，人们又开始了新的探索。于是，近十年来，对个人能力的评估，继智商之后，又出现了情商和财商。

智商、情商是衡量智力、非智力因素高低的一个指标。智力是一种综合的认识能力，它包括注意力、观察力、记忆力、想象力和思维力5个基本因素，是5种因素的有机结合；

而情绪、情感、性格、气质、动机、兴趣、意志等特征则属于非智力因素。讨论至此，我们便可以看出事情的端倪，即一个人不管其智商多高，如果不辅以高的情商，其成功的几率将大打折扣。因为科学发展到今天，无论哪行哪业，成功已不再是个人行为的结果，而是一种社会性活动的协作结晶。一个社会性活动没有高情商是难以想象的。由此可见，培养发展孩子的情商是多么重要！

第二次世界大战时期，在奥斯维辛集中营里，一个犹太人对他的儿子说："现在我们唯一的财富就是智慧，当别人说1加1等于2的时候，你应该想到大于2。"后来，父子俩幸运地活了下来。

1946年，父子俩来到美国休斯敦做铜器生意。一天，父亲问儿子"1磅铜的价格是多少？"

儿子答："35美分。"

父亲说："对，整个得克萨斯州都知道每磅铜的价格是35美分，但作为犹太人的儿子，应该说35美元，你试着把一磅铜做成门把手看能卖多少钱。"

20年后，父亲死了，儿子独自经营铜器店。儿子始终牢记着父亲的话，他做过铜鼓，做过瑞士钟表上的弹簧片，做过奥运会的奖牌。他甚至把一磅铜卖到3500美元，这时他已是麦考尔公司的董事长了。

然而，真正让他扬名的，是纽约州的一堆垃圾。1974年，美国政府为清理自由女神像翻新扔下的大堆废料，向社会广泛招标。但没有人投标，因为在纽约州，垃圾处理有严格规定，弄不好会受到环保组织起诉的。当时他正在法国旅行，听到这个消息，立即终止休假，飞往纽约。看过自由女神像下堆积如山的铜块、螺丝和木料后，他一言不发，当即与政府部门签下了协议。消息传开后，纽约许多运输公司都在偷偷发笑，他的许多同僚也认为废料回收吃力不讨好，能回收的资源价值实在有限，这一举动实乃愚蠢之极。当这些人都在等着看笑话的时候，他已开始组织工人对废料进行分类整理了。他让人把废铜熔化，铸成小自由女神像，旧木料加工成底座，废铜、废铝的边角料则做成纽约广场的钥匙。他甚至把从自由女神像身上扫下的灰尘都包装起来，出售给花店。结果可想而知，这些废铜、边角料、灰尘都以高出它们原来价值的数倍乃至数十倍卖出，且供不应求。不到 3 个月的时间，他让这堆废料变成了 350 万美元，每磅铜的价格整整翻了 1 万倍。

犹太商人之所以能成为世界上最为成功的商人，这完全归功于犹太人这种超凡的财商智慧，也就是 $1+1>2$ 的财商智慧。犹太人对这种财商智慧的运用，使他们成为最值得骄傲、最值得自豪的民族。在美国的亿万富翁中，有 20% 以上是犹太人。

当今美国人流行一句话："美国的钱装在犹太人的口袋中。"正因为犹太人非凡的财商，他们在创造财富方面表现出了出神入化的智慧。全球经济圈中的很多精英，如美国联邦储备委员会前主席格林斯潘、投资家索罗斯、纽约市市长布隆伯格等,都是在小时候接受"犹太式"的财商教育:"如果你喜欢玩,就需要去赚取你的自由时间,这需要良好的教育和学业成绩。然后你可以找到很好的工作,赚到很多钱,等赚到钱以后,你可以玩更长的时间,玩更昂贵的玩具。"

至此,已明显看出智商、情商和财商在一个成功者,一个拥有财富的人身上各自承担什么样的角色。可以这么说,这三者无一不重要,只有把三者有机地结合起来,一个人才能真正拥有财富。

要成为一个高财商的人,首先要搞清楚什么是财富?可能有人马上会想到金光闪闪的黄金、厚厚的人民币以及巨额银行存款,当然我们不否认这都是财富的一种体现。但是财商的精神要旨在于如何去管理金钱,能否利用以钱赚钱的方法,让你的财富增值,你又能否留得住这些财富?并且,一个真正富有的人,除了拥有金钱上的财富外,还应拥有时间上、精神上的财富,要在财务安全和自由中体现人生的快乐,这才是理财的真谛。

财智箴言

财商与智商的不同之处在于,财商可以通过一定的学习和锻炼得到很大的提高,想要具备较高的财商就必须学习一定的财务知识、投资知识、资产负债管理和风险管理的知识。

要增加这些知识,首先就是去学习,平时多浏览这方面的书籍和杂志,对电视、报纸、网站的经济信息也给予一定的关注。当然,若有机会参加理财类的培训或研讨,听听专家或实践者的经验或教训,对于提高自己的财商也会大有裨益。

实践出真知。其实我们每一天都在进行着或大或小的财务规划和安排,随着财富的积累,年龄和经验的增长,我们的财商也在不断地提高。这更提高了我们参与理财实践的积极性。这样从实践到理论,从理论再到实践的反复过程,财商在不断得以提高。应该说,在这个过程中,你能亲历亲为最重要。

六、留意,孩子们花钱为哪般

孩子们每逢开学都会有一笔较大的开销,我们一起来看看北京的一个普通小学生开学之前的几笔账:复读机 550元、书包 137 元、运动服 84 元、教辅书 76 元、文具 78 元、水壶 65 元、本 22 元,共计 1012 元。

开学之前,在超市文教柜台前,总能见到家长们带着孩子手持购物单,按照单子往购物筐里装作业本、包书皮、文具盒等各类学习用品。对于数目不小的开学消费,家长们坦言,只要是买学习用品,花多少钱都不算啥。

孩子们身边这个花花绿绿的世界,一天比一天纷繁多姿,琳琅满目。各种各样的饰品,漂亮的服装,款式新颖的文具,所有的一切无时无刻不在吸引着他们,使他们应接不暇,刺激着他们越来越强的消费欲望。于是,总能看见他们带着自己的小钱包在商店、小摊前流连忘返的身影。

2007年10月,北京市大兴区妇联通过14个镇、3个街道妇联系统面向家庭发放了1500份调查问卷,就孩子们的零花钱、消费状况等进行调查,希望家长在对孩子实施理财教育时有个参考,部分调研结果如下。

当问到孩子们如果遇见了非常喜欢的商品,虽知没什么用途,价格又高,你是否还买时,50%的同学回答,咬咬牙买下,20%的同学会要求父母买;62%的同学购物从不还价,还有30%的同学不知或不会还价;在购物时,38%的同学追赶时尚,30%的同学重品牌。

统计结果还表明,82.8%的青少年存在乱消费、高消费、理财能力差的问题。具体表现为花钱大手大脚,盲目攀比,消费呈成人化趋势;73%的学生缺乏现代城市生活经常触及的基本经济、金融常识,不清楚自动取款机、银行信用卡的服务功能。虽然不少孩子都在银行有着独立的户头,但大多由父母直接管理,孩子对存钱取钱、银行利息计算等没有感性认识。

市场经济的巨大冲击,商品种类的极大丰富,使人们的生活内容多姿多彩,也使消费活动趋于复杂化。孩子们成为消费大潮中一群特殊的消费者,特别是中学生虽没有独立的经济能力,却又具有了一定的消费观和消费行为。孩子的成长过程是向成年人学习的过程。消费对孩子来说，不仅是单纯地满足吃、穿、用等基本的生活需要，还包含了他们在消费活动中获得基本的生活常识，以及通过自身的消费行为认识周围世界的作用。

消费品如何选择？怎样花钱最合理？怎样存钱？怎样赚钱？在这个过程中，家长又该扮演什么样的角色？

让我们先来一起回忆荣毅仁先生富而不奢的简朴生活。

"发上等愿，结中等缘，享下等福；择高处立，就平处坐，向宽处行。"这是荣毅仁最喜欢的名言，24个字蕴含了深刻的人生哲理，纵观上、中、下，横览高、平、宽，居上时想到下，立高时寻找宽，就无论在多么错综复杂的矛盾面前，都能够处变而不惊，遇险而不乱，既能创造一番事业，又能守住一番事业。

荣家是富贵之家，但富而不奢，讲究而不浪费是荣家的一大特点。由于身份和地位，荣毅仁和夫人杨鉴清非常注意穿着打扮，出国时他们会到名牌店购买名牌服装，而且，出访时荣毅仁的西服从不连穿两天。杨鉴清说："这并不是挥霍，而是要展示中国人的身份。我们花的是自己的钱。"但是，在香港或国外订做的高级服装，杨鉴清只是在参加重大外事活动或盛大宴会时才穿，平时就舍不得穿。为了节约，她还想出了一个妙招——仿制。

在许多人眼里，有钱人挥金如土，大多追求各种平常人难以得到的特殊嗜好。而荣毅仁的嗜好却是老两口相守在家欣赏音乐和古典文学。

　　大千世界，缤纷多彩，如何引导孩子坦然地对待财富方面的差距，同时用多元的标准去评价他人，家长们的心态和引导方法非常重要。

　　钱，在孩子眼中具有神奇的力量，它隐含着"我是否安全？"的问题。如何淡化金钱的神秘性呢？最好的方法是认真地聆听孩子的问题，并以这些问题作为出发点，展开讨论。

　　"你挣多少钱？"学龄前的孩子提出这个问题，他真正希望知道的是"我们有足够的钱吗？我是安全的吗？"我们不需要给他准确的数字，只需诚实而肯定地回答，可以说："我们有足够的钱给你舒适的生活，把你照顾好。"如果是大一些的孩子，他则更希望知道数字以了解我们的财政状况。可以告诉他准确的数字，或者把数量限制在某个合理的范围内。

　　要坦然地告诉孩子，别人有的东西你不可能都有，因为你也有别人没有的东西。如果因为东西不值或预算的原因说"不"，最简单有效的说法是"我认为这件东西太贵了，不值这个价钱"，并借机同他讨论价格和品质。还可以讲讲等待的快乐，例如我们如何等待衣服打折，如何存钱等到休假时去旅游等。

　　即使是年龄小的孩子，我们也可以和他交流价值观，告诉孩子钱是中性的，不分好与坏；钱是一种工具，可以用于提供舒适的生活，用于帮助需要帮助的人。要告诉孩子别人的财富不是天上掉下来的，有自己的努力，别人的帮助，当然也有机会的原因。让孩子学习用平和的心态对待他人的成功，用他人——尤其是自己亲人的成功鼓励孩子将来去努力和效仿。

这些问题，绝不仅仅是家长们如何能省钱的问题，而是一个培养磨练孩子心性，教孩子如何认识世界的重要过程。在这样的过程中，孩子逐步认识到，金钱不是评判他人的唯一标准，除了金钱，还有品行、情趣、性格、特长等等很多标准。

| 财智箴言 |

孩子不是生活在真空里，他们会天真地进行比较，你家的车是什么牌子，我家的车是什么牌子，这不是洪水猛兽，这是孩子正在认识周围的世界。家长们对此要看得透，要处之泰然。说到底，除了全球首富，这个世界上所有人都会在经济条件上比某些人差，这是无可回避的事实。重要的是家长们如何去进行解释，如果你简单地说，他们家有钱，所以他们家的车贵，那么给孩子的只是一种单向引导。但你若从性能、外形、节能、方便等等方面给孩子以说明，这时候孩子接触到的价值观就更多元，金钱就不会成为唯一的标准。

七、信用时代，孩子准备好了吗

"一卡在手，畅行无阻。"在你享受现代购物的便捷时，是否想到刷卡的习惯使孩子形成了错误的理财观念呢？"卡里永远都有钱"，"有卡什么都能买"。

你的孩子迟早会得到一张信用卡，并使用它。如何对待这张卡片大部分取决于他的成长经历。如果他看见你经常使用信用卡，他也会经常使用信用卡。如果看见你累积了各种无法负担的账单，可能他也会这样做。

尽早向孩子解释，如果累积了信用卡债务，而且没有付清的话，会出现什么样的后果。告诉他，如果不在每月准时付费会怎样，它们会毁掉自己的信用，以至于在许多年后都无法为购买房屋申请贷款。

这一点非常重要，特别是在孩子离家上大学之前，你必须要进行一次"信用卡谈话"。除了要强调付清债务的重要性之外，还要使他明白拥有太多信用卡也随时可能带来灾难。

2008年6月，"股神"沃伦·巴菲特在旗下拥有的餐饮品牌（DQ）伯克希尔·哈撒韦公司品尝最新款冰淇淋时，与当地6名女童子军成员聊天，告诉这些正在中学或大学就读的女孩子："应该尽量少用信用卡，因为当前利率较高，学生容易陷入信用债务之中"，"如果18岁或者20岁时就借了钱，那我可能已经破产"。巴菲特每天收到一大堆面临财务麻烦者的来信，他把这些人分为三类：一是失业者，二是患有严重疾病者，三是因信用卡透支而欠下重债者。

随着POS终端的星罗棋布，各种网上支付工具的兴起，信用卡几乎已经可以满足日常支付的大部分内容。近些年各家银行开始进入高校内推广"大学生信用卡"。银行规定学历决定透支额度：本科生3000元、硕士生5000元、博士生10000元。只需提供身份证和学生证复印件，就可以很快申领到一张可透支的信用卡，由于刷卡消费不会直接带来钱包里现金的减少，而30～50天的免息期更容易使学生们对自己的轻松消费轻易释怀，直接的结果便是很多学生购物时缺乏理性，滥用信用卡，直到还款日来临时，才感觉到如临大敌，到处想法度过眼前的危机。实际上，尽管通过免息期的功能，刷卡消费可以帮我们延后实际支付的时间，但是日常消费、还款都是具有连续性的，周而复始，唯一的区别在于你这个月需要支付的是上个月的账单而已。如果以免息期为借口，滥用信用卡，你会发现自己永远都摆脱不了上个月账单的阴影。

资金周转不开或者情况紧急时，赊欠在所难免。成人世界的这个"游戏"规则，孩子不仅知晓，而且掌握得游刃有余。

这可不是危言耸听，玩具、铅笔、橡皮、直尺、红领巾、跳绳、各种各样的零食……有些小学校门周边的食杂店里，有专用的花名册，上面是学生的赊账记录。这些欠账每笔数额都不大，一、二元钱，学生还了钱，名字上就画条横线。这些孩子将来进入信用卡消费时代，会有怎样的结果？

人们注意到，导致青少年信用不良不断增加的一个主要原因，是随着信用卡的日益普及，持卡消费成为时尚，一些金融机构为利益所驱,不负责任地向青少年大量发行信用卡。而一些管不住自已的青少年,花钱大手大脚,到处"潇洒"刷卡,结果负债累累,陷入了信用不良的泥潭。

在 21 世纪初,中国企业和个人征信体制建设已经起步,酝酿中的征信条例也几易其稿,呼之欲出。中国人民银行于 2003 年正式组建了征信局。中国企业和国民的信用体系建设已一步一步向我们走来,也要与国际逐步接轨了。如果信用记录不好,孩子们受到的影响就不只是申请贷款或信用卡了。各企事业单位可能会预查求职者的信用报告,某些特定的工作,如金融服务、科技及执法部门等,通常都会预先查核求职者的信用记录。不论你成绩多好,或是拿了什么学位,信用记录不好会令你丢失就职机会。

| 财智箴言 |

我们将进入一个信用时代,面对这样一个历史的发展趋势,父母们如果不趁早教授孩子如何正确对待金钱,着力培养和打造孩子重承诺、守信用的良好品质,等孩子长大后很可能就会变成信用卡消费的俘虏,想不到为将来储蓄,更不必说制定个人理财目标了,最终将掉入债务的陷阱不能自拔,难以应对社会经济生活和其他生活。

八、除了钱,孩子还需要什么

英格瓦·坎普拉德拥有与生俱来的经济头脑,他从 5 岁起做推销生意,并成为一个"卖火柴的小男孩"。在 11 岁的时候做成第一笔"大买卖",在 17 岁的时候,他开了一家属于自己的公司——宜家。2007 年,他以 330 亿美元身价位居《福布斯》世界富豪榜第 4 位。谈及成功经验,坎普拉德认为这都受益于长辈的支持。正是因为奶奶、父亲、叔叔和婶婶的信任和支持,才有了他今天的成就。

1926 年 3 月 30 日,坎普拉德出生在瑞典南部,坎普拉德的父亲是一个农场主,生活还算富裕,年幼的坎普拉德并不缺钱,过着无忧无虑的生活。坎普拉德从小就表现出经商的天赋,他喜欢骑着自行车,四处向邻居推销商品,从中体会赚钱的乐趣。

1931 年,5 岁的坎普拉德看到庄园周围人家的火柴用量很大,而且非常短缺,便灵机一动,求他的婶婶代他从集市花 88 欧尔买回 100 盒。坎普拉德的婶婶热心地帮助了他。

坎普拉德拿到火柴后,第一个推销的对象就是他的奶奶。奶奶不但夸奖坎普拉德头脑机灵,而且买下了坎普拉德的几盒火柴,并鼓励他继续向别人推销。

奶奶购买的数量虽然不多,但是却给了坎普拉德继续推销下去的勇气。他尝到了推销商品赚取利润的快乐,于是兴致勃勃地把其余的火柴推销给左邻右舍。那一天,坎普拉德把手里的火柴全部卖了出去,并赚到了 100 欧尔的利润。

体验到赚钱乐趣的坎普拉德的眼界一下子打开了,他体验到了赚钱带来的成就感并从中找到了自己真正想做的事,那就是做一个成功的商人。他的这个愿望在家人的支持和鼓励中渐渐地坚定下来。

父亲也对坎普拉德的生意非常支持。坎普拉德10岁的时候，因为一笔生意，想向父亲借90克朗。90克朗在当时是一笔不小的数目，一般的家庭都不会一次性给孩子那么多钱。但是，坎普拉德的父亲却对儿子的经营能力表现出极大的信心，他甚至没有过多地追问有关细节，就坦然地把钱给了儿子。

坎普拉德是非常幸运的，当别的孩子的父母对孩子的能力不放心的时候，坎普拉德的长辈们却表现出对他的高度信任和支持。

1943年春天，17岁的坎普拉德决定在去哥德堡商学院上学前创办自己的公司。由于不符合创办公司的年龄标准，坎普拉德必须要得到监护人的许可。于是，坎普拉德想到了向叔叔求助。

当坎普拉德向叔叔表达了自己的想法之后，叔叔没有轻视这个年轻侄子，他停下手中的工作，认真地和坎普拉德探讨他的商业计划，最终同意了坎普拉德的请求。

这个公司就是后来的宜家——世界上最大的家居用品零售商。

父母是孩子的引导者，也是孩子前进路上的支持者。来自父母的支持，可以让孩子在探索和追求理想的途中产生强大的动力，并朝着自己的目标前进。

很多成功人士都感言,获得成功非智力因素起着更重要的作用。家长应从精神上关爱孩子,从心理上拉近与孩子的距离,了解他的喜怒哀乐,情绪变化,关心他的生活各方面。当孩子确实感受到家长在关心自己,他会主动跟家长建立一种良好的沟通关系,这样教育孩子、管理孩子就不会被动。特别是经济上富裕的父母更要注意。经济条件没那么好的父母可能从精神上更关注孩子一些,而有钱的父母往往在这方面忽略了,这是严重的缺陷。家庭教育投资应该平衡,做到物质和精神的平衡。由于现在生活和工作节奏快,压力大,有些父母没有时间来关注孩子,他们一心为了事业,为了赚钱,一大早就要匆匆赶去上班,晚上回来筋疲力尽,还要忙着烧饭、做家务,吃过饭后立刻催促孩子回房间写作业,而自己接着加班加点到深夜,不知不觉中忽略了孩子的情感需要。

长此以往,在父母的忽视与冷落中成长的孩子很可能会产生各种心理问题,比如孤独、自闭、不善交际。心理学家的研究也表明,缺少父母关注的孩子多数不能很好地与人相处,他们怕冒险,怕探索,怕接触陌生人,作为家长或父母,不管有多忙,都不要忽视孩子的存在,以及孩子的情感需要,要多抽出时间陪陪孩子。

┃财智箴言┃

❈ 多与孩子进行交流。父母下班回到家里要多抽出时间和孩子说说家常,询问一下孩子的学习情况,在餐桌上,可就当下的经济形势与孩子谈谈天。看电视时,除了陪孩子看动画片外,还可多看看经济频道,多与孩子讨论其中内容。

❀ 每天给孩子一个好心情。每天早上和孩子一起吃早饭,然后把孩子送出门,说上几句鼓励的话,孩子在一天中都会心情愉快、信心百倍。下班回到家里时,也不要急着做饭,先与孩子亲热一下,孩子是非常依恋父母的,一天不见,他们总有许多奇闻逸事要讲给家长听。

❀ 节假日带孩子出去玩。节假日时,父母的空闲时间比较多而且集中,这时父母要多带孩子外出旅游观光,让孩子了解旅行中的各项支出,并学会合理计划,安排好吃住行,既增进了感情,又学到了生活的技能。

第三章 家长们面临的绝对挑战

一、孩子为啥不知心疼你

悦悦上幼儿园中班了,妈妈发现随着孩子一天天长大,似是而非地懂得一些道理了,可与此同时,脾气也长了不少,要求也越来越多了。悦悦妈妈是很宠爱孩子的,就这么一个宝贝嘛,一般的要求妈妈都会答应,但最近悦悦妈妈发现,过度的宠爱,悦悦有点儿有恃无恐了。

这天,妈妈去幼儿园接悦悦,回来路上,悦悦非要去吃麦当劳。

妈妈劝悦悦:"咱头一天刚吃过,汉堡吃多了会成个小胖猪的,多丑啊。"

一听这话,悦悦犹豫了,这一关好说歹说过去了。

可经过小区公园时,悦悦非要玩蹦蹦床,悦悦妈妈想了想,那个要求没满足孩子,这个小要求就依了孩子吧,但又想她咳嗽还没好,便又和她讲道理,说身体好了再玩,悦悦自然不依,哇哇大哭

"好吧,玩!"妈妈无奈了。

果不然,蹦了一小会儿,悦悦就咳嗽起来了,自己主动提

出："妈妈，不好受，我不玩了。"

总算到了家门口，悦悦妈妈一手拎着菜和水果，一手牵着悦悦，走了两层，悦悦要妈妈抱抱，妈妈看了看一米多高、40多斤的悦悦，犯了愁。

"妈妈也累了，手里这么多东西也抱不了你呀。"

悦悦又开始大哭，妈妈忍无可忍说："你哭吧，我走了，你哭够了，妈妈再回来领你，但就是不抱！"

妈妈前面一走，悦悦见妈妈真不管了，哭着追："妈妈，我不哭了，我听话，我自己走，你等着我！"

妈妈这一扔还真管用了。

这样的故事经常发生在我们的家庭中，如果任着孩子的性子发展下去，在家里，孩子不知道心疼父母，而在外面，伙伴们都是孩子，谁让谁？又有谁依谁？孩子又怎么可能获得快乐呢。所以，为人父母的我们总得找个有效方法，对孩子实行适当的挫折教育，让他们吃点苦是极为重要的。

现在的孩子大多是独生子女，父母即使再苦再难，也不舍得让孩子分担家庭困难，尽量让孩子吃好的、穿好的。孩子在顺境中长大，自然会将父母的无偿恩赐视为平常，认为自己理应享受衣食无忧的生活，而忽视父母的情感需求。更有的孩子，一遇到挫折就想不开，觉得这个世界不公平。因为他们从小习惯了接受，习惯了父母无条件的关爱，顺理成章地认为社会也应无条件地惠顾自己。有些孩子对父母不但没有感恩之心，甚至在不顺心时还会对父母产生埋怨情绪。

　　沙思偌是小学五年级的学生,学习成绩很好,妈妈就在他所在学校当老师,一直辅导他的课外学习。在家里,思偌什么家务都不做,喝水都得是妈妈给倒好了,端到眼前,直到发生这样一件事情让妈妈警觉起来。平时每天早上,妈妈都将思偌带到学校的水壶灌好水,书包、物品也都为他准备好,侍候他去上学。有一天早上起来,妈妈忘记给思偌灌水了,结果他走出门了,发现水壶没装水,又退回来,狠狠地对妈妈讲:"都是你害的,害得我要迟到了!"

　　妈妈难受极了,能为孩子做得都做了,怎么这孩子就不知道心疼人呢?居然还能心生怨恨。

　　孩子不知心疼人,伤的是父母的心,但究其原因,仍在于父母无意识中的所作所为。要改善这种局面,有必要经常提醒孩子多想想父母对自己的好处,也要想想父母的难处,避免孩子觉得父母对自己的付出是轻而易举的事情,只有孩子懂得了感恩,才会珍惜父母的艰辛付出,在生活中才能少一份抱怨和消极,多一份珍惜和快乐,这更有利于孩子身心健康成长。

　　看看我们周边,显然父母们对自己的孩子都好过了头,甚至为孩子付出了一切,没有自己的生活。有些父母宠爱孩子是因为自己没有幸福的童年,就想方设法让自己的孩子得到。还有一类父母是因为工作太忙,没有时间关心孩子,于是希望通过满足孩子的所有要求——给钱、送礼物,来换取孩子的爱。未雨绸缪最重要。小时候不论是有意或无意的纵容，都可能宠坏了孩子。

花钱大手大脚，相互攀比，几乎成了当今大学生的通病，很是让父母头疼。我们经常能听到这样的抱怨说："现在的孩子不知道心疼人，我一天从早到晚，一个月才挣 1000 多元钱，可孩子的一次生日聚会就花去我工资一半。"我们不得不承认，现在许多孩子都缺乏感恩之心，父母已经尽己所能地为孩子创造了条件，但换来的是孩子嫌弃自己父母没有能耐。很多大学生往往几个月都不给父母打电话，一打电话就要钱。种种的现象不能不让人心寒！我们是否应该反思当前的教育方式？让孩子们学会感恩呢？

┃财智箴言┃

让孩子从小参与家务劳动，以此培养他们的劳动习惯、义务观念及感恩意识等。孩子在做家务的过程中体会到父母的艰辛，应该说也是一种行之有效的办法。

另外，找机会带孩子参观您工作的场所，了解您一天工作的时间多长？工资又有多少？为此又做了哪些工作？都不失为让孩子知道体贴您的好方法。

二、孩子被宠坏了，该咋办

琪琪的爸爸妈妈在外企工作，琪琪打小由爷爷奶奶带着,衣来伸手,饭来张口,一有需要就必须马上满足,晚一会儿都不行,俨然家中的小公主。如今琪琪上了小学二年级,需要什么时,张口就要钱,不管东西是不是有用,只要别人有,自己就得有,不给就大吵大闹。

最近,老师安排孩子们轮班做值日,奶奶去找班主任,提出孙女从来没有干过家务,还要去教室帮孩子一起做。班主任不得已找琪琪妈妈谈话,透露出琪琪在班里与同学交往中表现出心眼儿小,任性的毛病,在上课时也缺少一些应有的自律。妈妈这才意识到问题的严重性。班主任建议妈妈尽早想办法帮助孩子改掉这些不良习惯,不能任其由着性子发展,小学阶段不养成良好的行为习惯,等上了中学再纠正可就难了。

与其给孩子金山银山,不如纠正坏习惯培养好习惯。孩子在成长过程中离不开教育,而教育就是纠正孩子的坏习惯,培养好习惯。矫正孩子的不良行为不是一件简单的事情。美国研究发现,养成一个习惯需要 21 天,也就是说,教育孩子养成一种好习惯至少要 21 天的时间。但是,如果孩子已经养成一种坏习惯,要纠正孩子的这种坏习惯,需要花费的时间却比 21 天要多。这就要求父母在纠正孩子坏习惯的过程中要有毅力。

这以后,琪琪妈妈下班就赶紧着把琪琪接回自己家,拿妈妈的话来讲:“困难肯定有,想办法克服呗。”

有一天晚上,琪琪又痼疾重犯,她尖叫着,挥手踢脚。这次,妈妈置之不理,和孩子爸爸一样,一声不吭地继续看他们的报纸。

这恰恰是这个小叛逆最不期望的情形,她停下来,看着她的爸爸妈妈,又把先前的好戏上演了第二遍,爸爸妈妈再一次对此没有任何反应。这次,他们心照不宣地看着对方,然后惊讶地打量着宝贝女儿。最后,琪琪的反应是什么呢?她觉得自己有点傻。后来的事实证明,琪琪不再乱发脾气了。

不去强化孩子的行为,并故意冷淡他们,可能不会一次奏效,做父母的要贵在坚持,需要付出更多的努力,要坚定立场,不要和孩子讨价还价,最终孩子的不良行为是能够被矫正的。

任性是个性偏执、意志薄弱和缺乏自我约束能力的表现。任性习惯如果得不到及时纠正的话,会妨碍孩子心理健康和心理的正常发展。因为任性将会导致孩子无法正确认识和判断事物,个性固执不明事理,不善与人交往,难以适应环境,经不起生活的考验与挫折,这对孩子的健康成长极其不利,严重的还会由于易冲动而犯罪。

接下来,妈妈针对琪琪乱花钱习惯,尝试着让琪琪自己来管理零花钱。

这天,妈妈把3元钱交给琪琪说:"这是你一天的零花钱,你想买什么,自己看着办吧,不能再向家里要零食了。"

琪琪觉着很稀奇,马上答应:"好啊,好啊!"这一天下来,她还真省下了 5 角钱。

妈妈问她:"你为什么还留下 5 角啊?"

琪琪说:"妈妈给我钱,让我自己买东西,我当然要考虑钱怎么用,每天都花完 3 元钱,那我要是需要超过 3 元钱的东西,不就买不到了吗?"

妈妈被琪琪的话逗笑了,原来钱对于大人、孩子一样,只要所有权归自己,钱便有了价值,便产生了消费有效需求。

自打这以后,琪琪妈妈逐渐安排把更长时间的钱给她,例如每星期的零用钱一次给她,由琪琪支配,每年的压岁钱也以琪琪名字开户存了起来。

琪琪妈妈的新方法执行近两年了,琪琪自然有了很大变化:她有了自己的记账本,收入、开支记得很是认真。学习用品如笔、纸等都自己买,不再张嘴要钱。爷爷奶奶过生日,她还会拿自己的钱给他们买礼物,变得懂事多了。

琪琪还学会比较价格,同样的东西哪个地方贵,哪个地方便宜,爸爸妈妈买东西时,琪琪偶尔还能提供一些有用的信息呢。

孔子说:"少年若天性,习惯如自然。"许多实验研究结果也表明,家长放纵孩子可能致使他们将来更易于焦虑和沮丧。那些太多太快得到物质需求满足的孩子,长大成人后难以应对人生的挫折,他们有一种扭曲的权力感,这无疑会阻碍他们在工作单位和人际关系中取得成功。

面对如今独生子女凡事以自我为中心这一普遍现象,父母要有一个良好而坚定的心理状态：**要想培养出一个品性优秀的孩子，就要坚决纠正孩子的任性心理。**

财智箴言

✽ 定期定量给孩子零花钱，不要让孩子觉得钱是“求之不得”之物。

✽ 学会坚持，不要觉得孩子哭得有多可怜而心软，否则这场战争你必输无疑。

✽ 随时解释你的行为，你将会发现孩子也能听得进道理，你也不必再大声吼叫了。

✽ 把握大方向，对孩子偶尔的乱花钱行为不要过多指责，帮助孩子形成良好的个性特征。

三、“家务劳动挣钱”这招别拈来就用

通过家务劳动挣零花钱是舶来品。在美国，孩子分担家务是明码标价的，譬如，帮助父母割除庭院草坪，要价 8 美元，代妈妈洗衣洗碗，要价 3 美元。现在我们有些家长竟也奋起追上，孩子做家务也一律标价，学习成绩也按照得分高低领取赏钱。其实许多美国家长让孩子干家务的目的不仅仅是让孩子挣钱，而是让孩子在做家务的过程中，培养坚毅的品质，正确的名利观和就业的本领，并且也不是所有家庭都给孩子钱的。

在宾夕法尼亚州,有一家"帕戈尼斯"小餐馆。主人帕戈尼斯有个儿子,在儿子六岁时,帕戈尼斯就教他如何把客人的皮鞋擦亮,还要他擦完鞋后主动征求客人的意见,如果客人不满意,就必须道歉并且重擦。随着年龄的增长,父亲的要求也不断地加码。小帕戈尼斯按照父亲"拼命干活是为了全家人生活得更好"的教导,把每一项工作都干得十分出色。有一天,儿子突然提出让父亲每月给他 10 美元的要求。父亲告诉他:"好啊,那么你一日三餐是不是该付钱呢?你有时带小伙伴到家里白喝汽水又该怎么算呢?要知道,你的劳动还不能养活你自己,什么时候你自立了,爸爸会按劳动给你付酬的。"父亲估算了一下,说儿子每周要欠他 40 美元。从此,儿子给爸爸打工,再也不提钱的事了。

后来,小帕戈尼斯选择了参军,他年幼时吃苦耐劳和严格自律的品行使他受益匪浅,两年后被提升为上尉。然而,当他得意洋洋回家报喜时,父亲开口说的第一句话竟是:"晚上你搞搞卫生怎么样?"小帕戈尼斯刚要说:"我现在已经是美国军队的一名军官了!"但一看到父亲严肃的神情,他马上意识到:在父亲的餐馆,他仍然是个小伙计,对生他养他的父母要无条件服从。他马上拿起拖把开始打扫起卫生。

生活中,我们也有些家长与孩子签订家务劳动合同,但只是模仿了国外家庭的表面,没有深入到实质,结果当然是不尽人意的。不适当的奖赏很容易摧毁孩子的内在动机,把注意力转移到他人的反应或物质的奖赏,不当的奖赏很可能导致以下问题出现：

（1）孩子为了外在动机学习，可能会把学习行为当作谋"赏"的工具。一旦考试完毕，奖赏到手，目标达到，而又缺乏内在的学习动机时，学习就会终止，以至于所学很快就归还给老师。

（2）孩子被父母奖赏惯了，可能会养成过分依赖的心理。将来进入社会，没有了身边的督促、叮咛和奖金，若因此而停止学习、工作，在竞争激烈的社会里又如何立足呢？

世界上一些国家早就制订了青少年参加家务和公益劳动的法律。比如德国法律规定，6岁以上孩子必须做家务；日本规定，小学生每天参加劳动24分钟；美国为75分钟。我们国家也有机构做过相关调查，孩子们每天家务劳动时间大约12分钟。立法是一方面，关键还得培养孩子的劳动意识。

作为家庭中的一员，孩子适当分担一些力所能及的家务，这是天经地义的事情，孩子们不能一味地享受和索取。由于孩子的约束能力比较差，孩子做家务给适量的钱来奖励，一是可以调动积极性，让他们养成做家务的好习惯，二是通过长期的家务劳动，可以让孩子懂得挣钱的辛苦，进而体谅父母的辛劳，养成勤俭节约的意识。

从这一点来看，让孩子有偿做家务，实际上也是给了孩子一个明白事理的机会，让他们懂得天下没有免费的午餐，只有劳动才能创造财富。我们正处于市场经济时代，**孩子们**

迟早都要走出父母的庇护,独自面临社会上的各种竞争和挑战,让他们从小就具备独立、自理的意识和能力,从长远来看,更有利于他们的健康成长。

当然,通过家务劳动挣零花钱,也是家长们争议最多的问题。有一位母亲说她也曾安排孩子做家务来挣零花钱,本意是想通过家务劳动的方式,锻炼孩子的动手能力,知道珍惜劳动成果,懂得钱的来之不易,但一大堆好想法,结果换来的却是,孩子干点活儿,就伸手要钱,搞得她不知如何是好。

其实钱只是一种手段,本身无所谓好坏,关键是如何引导。据了解,不少发达国家都有做家务给钱的习惯,可他们的家庭关系都沦为赤裸裸的金钱关系了吗?如果家长给予正确引导,让孩子明白,做家务的目的不是为了挣钱而是承担一种家庭责任,教会孩子必要的理财知识,让他们不随意乱花钱,这些才是最重要的。

上小学三年级的张惟妙听说同学给家长做家务都能得到报酬,于是受到了"启发",觉得不能白白地帮家长做事,否则就吃亏了。

一天晚上,妈妈走进她的房间,看见她正在喜滋滋地写着什么,过去一瞧,原来是一份账单,只见上面记着:"帮爷爷捏肩5元,帮妈妈洗衣服10元、洗碗5元、扫地5元,帮爸爸打洗脚水5元……总计105元。"

看到这些妈妈愣住了,但并没有发火,而是说:"孩子,我也有一份账单,写给你看看吧。"

妈妈写道:"为惟妙换尿布无数次,报酬是 0 元;惟妙 4 岁时得过一场大病,妈妈守在床前七天七夜,报酬是 0 元;让惟妙在这个家里快乐的生活了 10 年,报酬是 0 元……,总计报酬是 0 元"。

张惟妙看了母亲的账单惭愧地低下了头。

家长不要试图把零用钱视为控制孩子的工具,使孩子过于看重金钱在社会生活中的作用。告诉孩子,金钱可以带来一定的物质满足,但不代表一切,幸福、快乐、成就并不是金钱可以买到的。让孩子通过家务劳动挣钱,更为明智的做法是将金钱视为帮助孩子学习的工具。

谢炜晨 12 岁了,每年暑假她和爸爸妈妈都会去长途旅行几天,炜晨会和妈妈一起给家里旅行车的内部做一次彻底清扫,那是她们经常做的事情,从炜晨很小的时候就开始了。妈妈从来没有把这件事当作是一种惩罚,也从没有说过正在清理的脏乱是孩子弄的,她们总是简单的把清理汽车当作是为出去度假做的准备——而且家人都为此感到很高兴,这让家人感到,出发去海滨的时间就在眼前。妈妈还给炜晨建立了一个"进步奖励基金",每当她劳动、学习、生活或其他某方面取得较大进步时,妈妈就会从"基金"中或拿出一小部分钱,或购买几本好书,或陪她外出郊游来奖励她。这样一来既肯定了炜晨的努力,也是对她努力付出的回报,从心理上也能大大激励炜晨追求进步。

我们必须承认家务劳动有助于孩子成长的积极面。因为孩子根据家长的要求，在家中完成了任务，并得到大家的好评，这个过程也是孩子真正认识自我人生价值之难得的机遇，这是孩子学做家务最深远的意义。**不能让孩子永远站在我们的后边，保持天真无知，而应去筛选生活，使他们有机会去体验生活，认识自己的能力。**

建议家长们多用口头表扬，金钱或物质奖励只能作为辅助手段。

✲ 对于某些复杂的活动，孩子尚未具备应有的基本能力，不敢去尝试，在这种时候实施奖赏，先诱导孩子学习那些基本能力，等看起来复杂的事情没有想象中那么困难了，做起来得心应手了，就不必再给奖赏了。

✲ 不要把零用钱与家务劳动、成绩直接捆绑在一起；把零花钱独立出来，准时给孩子，切忌说“要是你不马上把你的玩具收拾好，下周的零花钱就没有了!”，“给你五毛钱，把垃圾袋提到楼下去!”这样的话，这会使孩子养成在做家务时“锱铢必较”的脾性，也容易丧失对家庭的爱心和责任感。

✲ 如果孩子干了一些活儿，爸爸想给他一些奖励的话，要明确告诉孩子“你是妈妈的好帮手，是个优秀的孩子，这可是爸爸额外给的奖励”，以培养孩子的家庭责任感与合作精神。不能让孩子形成错误的观念，找借口任意要零用钱。还要记住孩子整理自己的内务不要轻易用钱奖励。

│财智箴言│

　　如果仅仅从培养孩子自理能力的角度考虑，用报酬刺激孩子干家务，应该说也是一种行之有效的办法。但是，我们让孩子做家务，目的不仅仅是增强孩子自理能力这么简单。不是家庭劳动需要孩子，而是孩子个性的发展需要家庭劳动。孩子参与家务劳动的着眼点不应放在劳动的效益上，而应放在劳动对孩子个性全面发展的巨大意义上。由于经验和能力的局限，有时孩子的劳动也可能会给父母带来更多的麻烦，但是从教育孩子，促进孩子健康成长这个长远的目标来考虑，还是值得的。

四、时代变迁，攀比宜疏不宜堵

　　每逢开学时，各大书店、文具商店的生意都异常火爆，不少中小学生在这时都忙着添置新文具、教辅书。如今，"开学经济"日渐升温，现在市面上呈现给学生的大多是高档、豪华的文具用品：一本皮质笔记本要 100 多元，一支名牌钢笔要200 多元，一个品牌书包则要 300 元以上……

　　然而，如此高昂的价格并没有吓退趋之若鹜的学生和家长，很多学生在购买学习用品时都瞄准了高档品，50 多元的卷笔刀，上百元的铅笔盒都成了学生们追逐的目标。这其中除了有些学生家庭条件富裕以外，更与孩子喜欢追求新鲜事物以及"同学有了我也要有，否则没有面子"的攀比心理分不开。很多孩子添置新物品并不是因为真正需要,而是相互之间的暗暗较劲。

新学期有个新面貌,本无可厚非,所以对孩子们提出的要求,家长们一般都是有求必应。但大量购置不必要而且价格不菲的"奢侈品",不仅加重了家长的负担,更不利于孩子健康成长。"开学经济"的火爆,往往隐藏着过度消费、超前消费、高消费等不良现象。

如今生活水平提高了,一味地用传统的方式,想通过讲过去艰苦年代如何如何,来改变孩子们的消费观是不现实的,优良传统虽说不能放弃,但毕竟与现实生活有距离。生活条件越好的孩子,自信心会越强。所以家长在要求孩子勤俭节约的同时,还要根据家庭的实际情况来引导孩子的消费。

对家长来说,正确引导孩子的前提是先调整自己的心态,减少和杜绝不良心理对孩子的影响。明智的做法是鼓励孩子在自身可控的范围内做出努力,使孩子身心健康成长。

卡莫一家是生活在欧洲的非洲移民,家里很贫穷,住房拥挤。上小学的卡莫结识了一个很要好的朋友麦格力高。麦格力高出生于医生家庭,家里非常富有,住着明亮干净的别墅,总是穿着得体整洁,彬彬有礼。能有这样的朋友,卡莫心里非常自豪,也感觉好像是得到了主流社会的认可,小心翼翼地生怕失去。

有一次,麦格力高邀请卡莫去家里吃饭,宽大的餐桌,雪白的桌布,牛排西餐,闪亮的刀叉,这些都让卡莫惊叹不已。作为礼尚往来,卡莫自然也要请朋友到自己家里吃饭,可这让卡莫很犯愁,甚至恐慌。因为自己家里常年只吃一种菜,就是把各种各样的菜炖在肉汤里,黑黑的,一点也不好看。卡莫想到了让妈妈学习做西餐,还让妈妈准备精美的餐具。但这些要求都被妈妈拒绝了。

妈妈郑重地对卡莫说:"我不能因为你要请客就换掉餐具,我们的钱只能花在必要的地方,如果麦格力高因为这些就不和你做朋友,那么他就不是你的朋友!"

请客那天,卡莫心里忐忑不安,他想象着麦格力高告诉同学他家里那么拥挤寒酸,所有同学都嘲笑自己的情景。

当卡莫的妈妈一边给麦格力高夹菜一边说,孩子你长得太瘦了,一定要多吃点儿时,卡莫简直无地自容了。但出乎意料的是,麦格力高吃了一碗菜后,居然又要了一碗,还说真好吃。卡莫终于长出了一口气。

这次吃饭后,两人更加深了友谊,卡莫也感受到了更多自信。原来自己的忧虑那么多余,妈妈的坦诚告诉卡莫一个朴素而深刻的道理:贫穷并不可怕,可怕的是以贫穷为耻,只有精神上富有了,物质生活的富足才能真正实现。

从卡莫家发生的事可以看到,**母亲的态度和作为深刻地影响着孩子**。家庭经济不宽裕,没必要为了面子浪费,用真实的绝不做作的方式待客,展现家庭本来面目和处事方式,这既是自然的,也是自信的。

对于在攀比过程中一直处于"落后"、"追赶"地位的孩子来说，攀比行为肯定会构成心理压力，如果没有家长的引导，这种压力在长期累积下的爆发，很可能会产生过激行为。为人父母者一定要注意引导孩子树立正确的价值观，应该让孩子对自己、对环境有一个客观的评价和准确的定位，包括对自己家庭实际情况的认识、接纳和控制，帮助他们养成豁达乐观的生活态度。

另外，要想让孩子不攀比，首先家长不攀比，毕竟孩子还没有经济基础，孩子之间形成的攀比之风，很多情况下是家长通过孩子来炫耀自己。当家长的花钱大手大脚，孩子就会看在眼里，记在心上。父母是孩子的第一任老师，孩子是家长的一面镜子，孩子的消费观直接反映家长的消费观。

家长可引导孩子参与家庭理财。每个月的家庭收入多少？支出多少？和孩子一起来记记账，不要以为让孩子参与家庭理财还为时过早，或是觉得把家庭收入告诉孩子不太好。事实上，让孩子参与家庭理财比直截了当告诉孩子哪些钱该花、哪些钱不该花效果要好得多，孩子自己心里会有个谱。

另外，可以引导孩子把花的每一笔钱记录下来，然后一起检查，看看哪些钱是不必花的，哪些钱花得物有所值。长此以往，孩子就会明白哪些是真正需要的，进而帮助孩子设定储蓄目标，通过自己的努力来实现自己的愿望，从而巧妙地将攀比变成动力。

┃财智箴言┃

面对孩子的攀比心理,父母不应把它视作"洪水猛兽",而应仔细权衡利弊,改"堵"为"疏",让自信成为孩子成长的阳光。

五、还有你,和孩子一样虚荣

一个人的消费模式是从小培养出来的,这样东西应不应买、买实用的还是华而不实的,买品牌还是选择款式,买时尚的还是恒常的……不知家长们还记不记得你自己小时候随父母逛商店,从父母替你选购的东西中,你是不是或多或少地模仿了父母的用钱原则。

回想起来,开始时真觉得很便宜,对于很多父母来讲,这些都始于一件只花费 20 元的漂亮的连裤童装,这种感觉多好啊! 只需要 20 元就可以让你和你的宝宝开心高兴,这太有满足感了,并且还充满乐趣。几年后,情况就变了。在玩具店要买卡通玩具,在食品店要买糖果,还有漫画书、小首饰等等。逐渐地,家长们彻底接受了新的角色:让孩子高兴。有谁想过这个角色要扮演到什么时候? 30 年后,当他们不高兴时,你会发现自己甚至要为他们的心理咨询付钱!

新学期伊始,一家体育用品商店的鞋区里,来给孩子选购高档运动鞋的家长很多,近千元的鞋,只要孩子们喜欢,家长们毫不手软:"一双鞋的价钱差不多是我一个月的工资,太划不来！可孩子非要，我也没有办法。"一位刚花了900多元给孩子买双篮球鞋的母亲说，本指望拿这笔压岁钱交学费和买书，但孩子不依："这本来就是我的钱，买什么是我的权利，再说上周开学时，班里的同学们都穿新篮球鞋了，我丢不起人。"生活水平提高了，孩子们爱慕虚荣的心理与盲目攀比的行为也风气日盛。

"教子之道，不可不察"。我们中华民族历来比较重视教子之道的研究，宋代史学家司马光认为，一个人对待物质生活的态度，直接关系到他事业的成功与失败。在那篇教诲儿子司马康力行节俭的《训俭示康》中，紧紧围绕着"成由俭，败由奢"这个古训，结合自己的生活经历和切身体验，旁征博引许多典型事例，对儿子进行了耐心细致、深入浅出地教诲。

司马光年代的物质条件无法与当代相比。我们享有的前所未有的繁荣和日益金贵的时间使我们很难对孩子说"这太贵了"、"太远了"、"不方便"等拒绝他们要求的话。不能和孩子相处得久一些也让我们感到负疚，我们也只好用金钱和给予他们任性妄为的特权来平息。别人的孩子买什么，咱家的孩子也得买，自己孩子穿的、戴的绝不能让人家比下去。其实，尽管孩子们的要求被完全满足，但他们真正需要的东西却被我们剥夺了，那就是自律和建立正确的行为准则的能力。于是在家长无意识的纵容下，孩子的欲望无限地膨胀。虚荣心强的孩子在成长中，会产生其它心理问题，如嫉妒、自卑、敏感，有的孩子为了满足其虚荣心而经常说谎，导致情绪不稳定,不认真学习等,这些无疑都会阻碍孩子的健康发展。

陈坤生活在香港,上小学五年级了。爸爸是做房地产生意的,家境殷实。家里有阿姨负责做饭,整理家务。妈妈在家闲来无事,只负责接送陈坤上下学,大多时间都用于逛商场、做美容、上健身房等,妈妈追求时尚,消费高档化。

有一段时间,爸爸发现陈坤常在同学和伙伴面前夸耀自己家境的富足,优越感极强,只穿米奇等名牌衣服,孩子的虚荣心在平时的生活中时时流露出来……

发现了这个苗头后,陈坤爸爸先与喜欢"炫耀和挥霍"的太太沟通,和太太统一认识,用他的话讲就是"先从源头抓起"。妈妈的消费行为、生活方式对孩子起着潜移默化的影响,在为孩子的爱慕虚荣而发愁时,应该觉察到这其实是自己酿的苦果。妈妈首先要以身作则,遏制住孩子虚荣心膨胀的势头,将其控制在适度的范围内。

接下来,爸爸经常让陈坤参加公司的一些非正式会议,让孩子体会为了做成一笔生意爸爸要开那么多会,如此多的同事都要参与进来,还要承担市场的风险……

陈坤爸爸发现孩子有过强的虚荣心时,没有空口说教或者以命令的形式禁止,而采取了相应的对策对孩子进行教育和开导,后来的事实证明他的策略是对的,不仅陈坤消费行为有了很大变化,妈妈也把更多的精力放在对孩子的教育培养上了。

要消除孩子的虚荣心不是一朝一夕就可以完成的,家长要以自己的言行在生活中一点一滴地给孩子做出正确的示范。社会心理学家贺夫曼提出了"剧场理论",大概的意思是:每个人在社会上的活动,好比是各自扮演不同角色的演员,人生是舞台,有前后场之分,例如,某人在办公室和家里的行为、言行就可能有极大的不同,因为办公室就好比是剧场的前场,家里是后台,当然粉墨登场时的言行举止就与在后台不同。其实,"剧场理论"很有道理,父母在孩子面前就该扮演好前场的角色,因为他们随时在观察父母的言行。从小到大模仿大人的言行,家庭对孩子成长及人格塑造的作用不容忽视。

| 财智箴言 |

审视自己的消费态度,以身教胜于言教的方式教育孩子。

六、为孩子们买单能到几时

徐靖谰就读于北京某高中,家境优裕,父母对她疼爱有加,每月至少给她 500 元零花钱。徐靖谰说自己经常是不到月底钱就花光了,每月手机话费支出就近 200 元,主要用来跟朋友打电话或发短信聊天,参加电视台短信互动节目等;再花 200 元左右买书籍、CD、小零食;周末和同学出去玩,至少也要花掉 100 元;偶尔还会请同学"搓一顿",也要百八十元的。如此下来,不时还得到爷爷奶奶那儿哭哭穷……

如今高消费的孩子又何止徐靖谰一人。对该中学的调查显示,上体育课时,70～80%左右的男孩穿着崭新的阿迪达斯、耐克等名牌篮球鞋,许多女同学脚下的运动鞋也价钱不菲。据学校体育老师说:孩子们很看重自己脚下鞋子的牌子、款型、价格,比着换新的名牌运动鞋。许多学生穿上千元左右的名牌运动鞋来到学校时,明显要比平时活跃,希望引起大家的注意和羡慕。

放眼当下校园,中小学生的高消费、畸形消费、攀比消费现象比比皆是,而这种不良倾向却没有引起社会、家庭和学校的高度重视,几乎成了谁也管不着的"真空"地带。相当比例的中学生消费观念存在不良倾向,他们认名牌,贪图享受,追求时尚,不是根据自己的主观需要和承受能力来决定自己的消费行为,而是盲目地赶时髦、讲攀比。

该项调查还走访了部分家长,一位家长告诉调查人员,自己的的孩子看到班里有的同学吃、穿、用都是名牌,回到家里就埋怨,作为家长也不愿让孩子受委屈、没面子,尽管收入不高,也不得不挤出钱为孩子买名牌。

真是可怜天下父母心。有多少并不富裕的家庭,父母抱着对子女们"成龙"、"成凤"的美好心愿,在子女们的软磨硬缠中,勒紧裤带不得已而为之。有的孩子不顾自身家庭条件,没钱就向父母伸手,从不考虑父母的艰难和赚钱的不易,自食其力意识更无从谈起。

在美国,理财教育被称之为"从3岁开始实现的幸福人生计划"。但纵观美国理财教育的历史,其实也并不像我们想象的那么长。1997年,有一个专业团体对美国十二年级(相当于中国的高中三年级)的学生进行了有关金融知识水平的调查,结果显示大部分的学生成绩不及格。

当时信用卡债务成了美国最深刻的社会问题,许多信用不良者因为无法偿还信用卡债务而承受着极大的压力,甚至还有年轻人因无法承受债务所带来的压力,结束了宝贵的生命。

1998年,一所大学的三年级学生萨姆·莫伊,选择了自杀结束了他年轻的生命。萨姆·莫伊生前持有多达12张信用卡,自杀当时周围到处都是信用卡凭单。这一社会事件让大家感到非常困惑,为什么有文化、有素质的年轻人会选择绝路呢?这些事件也震惊了美国政府,让政府意识到问题的严重性。悲剧的发生让大家明白,不会珍惜和管理钱财的"理财盲",才是酿成悲剧的真正元凶。

后来,每年的4月被政府制定为"青少年理财教育月"。4月成了美国孩子最忙的时候,不是因为刚开学或准备考试,而是为了学习理财。当中国的孩子忙着背英语单词和数学公式的时候,美国的孩子忙着学习如何运用银行账号,学习如何储蓄和取款,学习如何计算利率等等。

这时,美国的各个学校也都开始忙于接待客人,银行等金融机构纷纷派出自己的职员,到全国各地的学校进行理财教育。他们成为"一日讲师",简明而风趣地给孩子们讲金融与经济的知识。老师们非常愿意让出讲台给"一日讲师",也与学生一起学习理财知识。

学校老师们深知理财教育在孩子未来发展中的重要性,这种意识和关注也许是今日美国经济持续发展的动力,也使美国成了"世界经济的火车头"。

在美国,政府和金融机构共同承担着理财教育的义务,但在我国却尚未出现进行理财教育的政府机构或团体。在家庭中,父母也是以孩子的学习成绩为中心,少有父母关心影响孩子未来独立生活质量的"理财教育"。多数父母会认为,等孩子年纪再大一些,再来和孩子谈理财问题,认为让孩子太早接触金钱不是件好事。如果孩子在父母面前提起关于钱的问题,父母往往会斥责:"问钱的事情干什么?"甚至以此自豪:"我的孩子从不过问钱"。

在北京某名牌大学的陈默,因偷窃和故意伤害罪入狱。消息传来,全家震惊,伤心欲绝。原来,陈默是陈家三代单传的独苗,且从小聪明伶俐,成绩优秀,深受父母宠爱,爷爷奶奶对他更是珍爱有加。尽管父母都是工薪阶层,但对陈默的吃、穿、用却很舍得花钱,此外,还不时给他零花钱,虽然并不是很多,但在他们所处的县城,陈默得到的已比同伴们要多得多。可以说,陈默是在一种优越的境遇中长大的,物质条件优越,思想精神优越,家庭环境优越。他的父母、爷爷、奶奶也都骄傲地认为,自己的孩子优秀,就该有这样优越的生活。然而他们没有想到,陈默考上大学来到北京后,周围许多同学的生活条件远远比他优越得多,他的心里感到极大的不平衡。另外,光怪陆离、灯红酒绿的都市生活也让他目不暇接,激发起的欲望更是无边无际。在屡次向家里要钱仍无法满足需要后,他潜入了同学的宿舍。就在他向同学的钱包伸出手时,同学回来了,慌乱的他抓起桌上的水果刀向同学刺去……

陈默家里的情形,在现实生活中是很有代表性的。陈默从小形成了与自己的家庭条件不相符合的消费观念以及消费方式,没能养成良好的消费习惯,这一教训应引起父母们的格外重视。

人生观、价值观正是通过一些具体细微的事件树立起来的。当孩子们终日沉溺于物质享受,处处时时与周围的同学朋友攀比,唯恐落在潮流的后头时;当他们把金钱与自我价值等同起来,把自我价值和脚上穿的名牌运动鞋等同起来时,就极有可能形成消极的价值观。一旦由于某方面的原因,如家庭经济状况不好或出现某种变故,不能满足孩子的消费欲望时,就有可能走上偷窃、抢劫等违法犯罪的道路。据相关调查,在当前少年犯中,有好多就是为了过生日,为了有一辆山地车,为了拥有名牌衣服、一双名牌鞋等,而"一失足成千古恨"的。

类似现象时有发生,反映出一些青少年理财意识、技能的缺失,盲目的消费行为既加重了家长的经济负担,也极大地分散了孩子们的精力和注意力,不仅对孩子们自身发展不利,对家庭和社会也带来严重的负面影响。在学校理财教育几乎一片空白的状态下,身为父母必须要高度重视,担负起理财教育的重任来。

▎财智箴言▎

生活中,您要以身作则,作孩子的表率,帮助孩子树立正确的价值观,对荣誉、地位、得失、面子要持有一种正确的认识和态度。

七、你的孩子"啃老"吗

20岁的刘姝儿学的是幼儿师范专业,毕业1年半了,一直没找到合适工作。其实,也不是她真的找不到工作,只是觉得工作不合意。她曾在一家幼儿园做临时工,一个月工资800多元,干了3个月,刘姝儿觉得付出与收入不成正比,于是辞了职。之后,她应聘到一家私企做文员,月薪千元,枯燥、平淡的工作让她感到缺乏激情,于是再次辞职。虽说赋闲在家,她还是改不了高消费,买衣服、外出吃饭都由父母买单。而她的父母都是企业工人,每人月薪不过千元。

"我好几个同学都在家闲着,先花父母的钱,等赚钱了再孝敬他们!"刘姝儿说这话时很气壮,可问她咋赚钱,却很迷茫。

"啃老族"也叫"傍老族"。他们年龄大都在 23 岁～30 岁,有谋生能力,却仍未"断奶",他们并非找不到工作,而是主动放弃了就业的机会,赋闲在家,不仅衣食住行全靠父母,而且花销往往不少。

据中国老龄科研中心的调查显示,我国有 65％以上的家庭存在"老养小"现象,30％左右的青年基本靠父母供养。

"啃老族"是社会变迁中出现的一种现象,由于就业形势等原因,孩子的生活、工作等在一定程度上确实需要父母的帮助,但过度帮助,则会造成孩子在生活、经济上长期依赖父母。有学者预言,中国将在十多年后进入老龄化社会,"啃老族"很可能影响未来家庭的经济生活。"啃老族"这个群体可能引发的理财教育问题,也引起业界研究者的高度关注。

究其深层原因,一是由于近些年老百姓生活水平有了显著提升,家庭收入和财富也不断增加,这为年轻一代的"啃老"提供了相应的物质基础。相比之下,在以前,家里有那么多孩子,想"啃"也很难有条件。在我国几千年的传统文化中,家庭成员的很多事情都是由家长来管理和安排,这种文化一直延续到今天。以前孩子间可能会相互竞争,通过学习或其他方式,获得父辈的认可。现在不同了,只有一个孩子,爸爸、妈妈,爷爷、奶奶,姥姥、姥爷争先恐后宠爱孩子,凡事以孩子为中心,如此一来,孩子容易产生过度的依赖,缺乏忧患意识,没有责任心。长此以往,孩子自然就会失去对内心需求的发现,对父母也缺少责任感。等到孩子完成了学业,父母的目标初步完成,孩子却发现自己没有目标了,也不知道如何在职场上寻求帮助。

二是源于家庭的抚养方式。现代家庭给了孩子过度的关注,甚至在孩子的需要产生之前,早早为孩子考虑到了。家长越俎代庖,为孩子设计各种目标,比如不管孩子愿不愿意,就让孩子参加各种辅导班,并且陪着孩子共同学习,扮演了监督、监控、辅导的角色,缺乏对孩子独立意识、自己解决问题能力的培养。孩子很少有属于自己的"真正行为",自然也很少为自己的行为负责,导致道德、文化和素养等方面出现偏差。于是大家看到的是他们本能式的心理需求,如吃喝玩乐,缺失更高的自我实现的心理需要,自然很难战胜前进中的困难。

三是缺乏必要的职业规划和择业观教育。据华南理工大学对毕业生求职状况调查显示:非常了解自身优劣势,并有明确职业定位的学生占 12.3%;比较清楚自身优劣势,但缺乏职业规划的学生占 24.9%;缺乏明确职业定位与目标的学生占 45.2%;从未考虑过这方面问题的学生占 17.4%。这或许正是目前大学生为什么越来越难找工作的原因之一。而另一项调查也显示,在一些高校,因不喜欢所学专业而厌学的学生比例竟高达 40%!与此同时,在社会的转型时期,家庭、学校和社会依然潜移默化地对学生灌输着错误的精英意识。这样的环境下,年轻人在择业时往往有挫败感或不愿意就业。由于观念和能力等各种原因没有工作,很自然就成为"啃老族"。

仔细思量,当我们退了休,想去旅行,想如何安度晚年时,却不得不为孩子的经济问题操心,收拾残局,把余生都花在为他们买单上,还有比这更糟糕的事情吗?

所以,应尽早对孩子进行系统的理财教育。理财教育应包括三个方面的内容:正确的价值观、基本的理财知识、理财技能。

再有,就是职业规划教育。具体说在小学期间,就应注重开发孩子的职业意识,可以经常带孩子去参观企业,接触社会,了解一些行业的特点,积累对各种职业的感性认识;在中学期间,则让孩子进一步提高职业意识,培养兴趣,根据自己感兴趣的职业目标,从知识、技能和综合素质方面锻炼职业竞争力。如果能顺应孩子发展时期的兴趣特点来引导他们做好生涯规划,对他们的成长十分有好处。他们在选择高考志愿、找工作时就会有明确的目标,孩子就有最大的可能从事他们喜爱的职业,享受工作过程中所获得的成功和喜悦。

需提醒家长的是,在为孩子进行职业规划时,家长要注意先听一听孩子的声音,问一问孩子最希望的是什么,可以帮他们分析,切不可把自己的意见强加给孩子。**家长是帮助孩子实现理想,而不是通过孩子来实现自己的理想。**如果给孩子更多这样的空间成长,孩子的潜能就会被充分开发出来。

┃财智箴言┃

　　把孩子教育成能独立处理自己经济问题的人将直接影响到家长们未来的生活和经济状况。建议家长不断学习,跟上时代变化的脚步,及时调整自己的教育观念,有目的、有计划地对孩子进行金钱观、人生观和职业规划的教育,以积极的心态帮助孩子应对未来的挑战。

八、千万别对孩子说"偷"字

　　把别人的东西偷偷地拿回家,这种现象在 4～6 岁的孩子中并不少见。例如,有时孩子玩饿了,找不到零食吃时,就会拿别人的零食吃;或者看见小朋友有一个好玩的玩具,自己却没有,就会拿抽屉的钱去买或干脆直接拿走。家长应理智地去分析,找出其原因,不可粗暴地把这种行为叫做"偷",不要用成人的是非标准来衡量未成年人。

　　孩子在成长过程中,总会有这样那样的过失行为,这些过失行为往往带有很大的盲目性、偶然性、试探性和好奇性。偷拿东西也是一种过失行为,但是学龄前的儿童还不具有"偷"的概念,所以,轻易不要对孩子说出"偷"字,产生这种行为的常见原因有:

　　第一,"别人的东西不可以拿"的观念还没有形成。由于这个年龄的孩子还不能很好地把自己的东西和别人的东西加以区分,只要他喜欢的,他就认为可以拿回自己家,至于是否要征得别人的同意，他还没有这个概念，或者这个概念的约束力还不够强。

第二，家长过于迁就满足孩子。如果家长对孩子的任何要求都过于迁就或立即满足的话，孩子就会习惯于想要什么，就能得到什么。在他看来，他想得到的，就是他的，拿别人的东西也就是自然的、不足为奇的了。

第三，孩子的合理要求没有得到应有的满足。由于孩子的合理要求没有得到应有的满足，他们从家长那里得不到自己想要的东西，但又羡慕别人的东西，于是他就会采取"拿"别人东西的办法。

孩子拿了别人的东西，家长视而不见也不行。因为这会让孩子养成不好的习惯，也鼓励了他的物质占有欲。家长应随机教孩子识别别人的东西和自己的东西的不同，可以常常告诉他："这是你的玩具"，"那是爸爸的书"。还要让孩子知道，如果想要用别人的东西，就要事先征得别人的同意，用完之后马上还给别人，而不能随便拿别人的东西。家长还可以在平常带孩子逛街买东西时，让孩子体会"不是自己用钱买的东西就不可以拿回家"。这样，孩子慢慢地就了解了什么是可以拿的，什么是不可以拿的了。

浩宇今年 10 岁了，一天，妈妈从浩宇的书包里拿通知单的时候，吓了一大跳，因为孩子书包里有一只手表。昨天，浩宇和妈妈一起去朋友家玩，在朋友家，浩宇看到一块卡通表，爱不释手，妈妈看到这一幕，对浩宇说："你也想要手表吗？

让爸爸买给你做生日礼物吧!"但是,这个手表现在却在浩宇的书包里,妈妈想浩宇是太喜欢这块表了。对于孩子的偷盗行为,妈妈一时有点不知所措了。

家长有的时候一天内会被孩子的问题吓到很多次,孩子偷东西是时有发生的。如果你问孩子"这是你偷的吗",孩子就会说"我不知道","我没做"等类似的话。

当发现孩子偷东西时,很多父母都是认为自己没有教育好孩子,从而亲自出面,将东西还给物主,并向对方道歉。孩子有了偷窃行为时,为了让孩子在道德上变得成熟,父母一定要让孩子为自己的行为负责任,让孩子自己把偷来的物品还给物主,向物主道歉,从而让孩子悔悟,孩子从中会得到很多教训。

令父母不解的是,小小年纪的孩子,为什么会产生额外的金钱开销?心理门诊调查中发现,10～12岁的孩子最易发生偷窃行为,因为这一年龄段的孩子,其心理可塑性大,情感不稳定,有时就表现出行为的无目的性,给人感觉他(她)是在盲目地索求某种东西(如钱)。

许多家长往往忙于工作和家务,忽略了与孩子的交流与沟通,致使有些孩子在情绪上出现反叛和不稳定。为了让孩子健康成长,父母应该给孩子更多的关怀与教育,粗暴的说教或动辄体罚开始或许有效,但会越来越没效果。如果让孩子自尊心受到伤害,就会从根本上伤害孩子,就会与我们家长的情感越来越疏远,最终贻误孩子一生。偷钱的行为固然不好,但这个行为让父母及早去了解孩子内在的需求,甚至因而反省自身的处事态度及价值观,又何尝不是一次教育机会呢?

面对这种情况,家长既要十分重视,又不能大动干戈,在晓之以理、动之以情的同时,不妨再试试以下方法:

第一,如果家长刚一发现孩子这种情况,就斥责他是"偷"别人的东西,甚至加以打骂,这只能损伤孩子的自尊心。简单粗暴的打骂既伤了孩子的自尊心,而且还会对父母隐瞒自己的缺点,让所有的矛盾都潜伏下来造成危害;也并不能让孩子真正明白别人的东西未经许可不能随便拿的道理,有时反而会让孩子产生逆反心理,往往使他连送还东西的勇气都没有了。因此,为了保护孩子的自尊心,家长在与孩子交谈时,切不可使用"偷盗"等词语,而要用"拿走"、"带走"这样的词来代替。

第二,较自卑或功课不好的孩子,为了显示自己的能力,也喜欢请大家吃东西,享受一下受人称赞及感激的感觉。如果是因此而偷钱,父母不妨教孩子正确的社交技巧,如让孩子请小朋友来家中做客,让孩子学习当小主人等;或让孩子了解自己的长处,如画画很好、会帮大人做事等,增强其自信。

第三,给孩子挣钱的机会。如果孩子想买一些东西,但家长认为并不是必需的,也可以让孩子通过做家务来挣些钱,或者在暑假勤工俭学,为孩子开个银行账户,让他自己去存钱然后再实现自己的愿望。我认识一位母亲,几年前为了锻炼儿子的意志,让刚小学毕业的儿子在暑假里去卖报纸,一天累下来只能赚十几块钱的儿子再也不愿大手大脚地花钱了,再渴再热也不买冰淇淋,而是喝自带的凉白开。让孩子从小就懂得对自己的事情负责,并为家庭分担责任,长大了才有可能为社会分忧,为国家去承担责任。

第四,买东西回来剩下的零钱不能随便地放在茶几上、饭桌上、书桌上,有时候没了也不知道。这样做一是不卫生,二是容易诱导孩子自己拿钱去买东西。

长此以往,方可改掉孩子"偷钱"的恶习。当上述方法仍不奏效时,应及时看心理门诊了,因为"偷钱"行为可能是一种表象,有时是儿童的心理疾病,像多动症、强迫症及偷窃癖等,因病情轻或其他症状不易被家长发现,如不及时处理,会影响孩子心理的正常发育和人格发展。

财智箴言

不随便拿别人东西的教育,既是诚信教育,又是理财教育最重要的一部分。向孩子进行这方面的教育是十分必要的。学龄前期和学龄初期的孩子,仍然以自我为中心,会因为"喜欢"、想"占有"而随意拿走别人的东西,这方面的动机和行为往往和他们的好奇、爱好和自发需要有关。所以,请千万不要把这种行为定义为"偷"!

第四章　孩子们必要的财商训练

郡阳上小学三年级了,每天下午放学要先玩上一会儿,才回家写作业,这天恰逢妈妈有事情晚回家,郡阳乐得自在,玩了很长时间后,又到了朋友哲兮家。

哲兮的妈妈问郡阳:"郡阳,吃饭了吗?"

郡阳犹豫了一下,回答说:"嗯……是的,吃过了。"

郡阳肚子饿得咕咕叫,但他忍住了。玩了一会,肚子越来越饿,实在忍不住了,于是对哲兮说:"冰箱里有橙汁之类的东西吗?给我拿点吧。"哲兮听后,一溜烟地跑了出去:"妈妈,郡阳想喝橙汁。"

郡阳惊慌地追过来说:"不喝也行,我没关系。"

"你其实还没吃饭吧?你不是说一直在外面玩了吗?"

郡阳的脸红了起来。

"不,我真吃过了,我不是说了嘛!"

"你是在撒谎吧?为什么要撒谎呢?"

于是,哲兮的妈妈问郡阳:"晚饭吃什么了?"

郡阳支支吾吾回答:"不记得吃了什么了。真是的,呵呵。"

郡阳为什么会撒谎呢?他自然有自己的理由。郡阳的妈妈曾经告诉郡阳,去朋友家的时候要避开吃饭时间,就算是去了,也尽量不要让大人们为了准备饭菜而操劳,没吃饭也要说"吃了",那样才是有礼貌的孩子。

当哲兮的妈妈问郡阳有没有吃饭时,郡阳想起了妈妈说的话,虽然肚子很饿,但也没办法据实回答,因为按照妈妈的话说,那是没有礼貌的。于是他听了妈妈的话,遵守了礼仪。

从另一个角度来看,郡阳其实是撒谎了。在哲兮看来,郡阳就是撒谎精,到底郡阳做得对不对呢?如果你是郡阳的父母,你会怎么做呢?教育孩子在任何时候都要诚实。如果是在家里,郡阳肯定会实话实说,但因为是在朋友家,所以就隐瞒了没吃饭这个事实,这都是父母教育的结果。

我们不想给别人添麻烦,重视面子,这样就经常会出现这种诚实和礼仪冲突的情况。多数人都认为为了遵守礼仪而撒谎并不是坏事。同样的情况,美国人会怎么做呢?

在美国,比较晚的时候,孩子带朋友来家里,孩子的父母自然会问:"吃晚饭了吗?"

孩子的朋友会老实地回答。如果没吃饭,但是不饿,孩子就会说:"我没吃,但是没关系。"如果吃了,但是还有点饿,他就会非常郑重地说:"吃过晚饭了,可是还有点饿。有什么吃的吗?"不论是否给别人带来麻烦,诚实地说出事实才是更重要的。他们把子女教育的核心放在诚实上——不论什么状况下,都要诚实。

只是,在给别人带来麻烦的时候,父母要教给孩子尽可能愉快地解决问题的方法,比如利用"您做的饭菜真得很香"等表达方式,真心地表示感谢。

注重礼节的人可能会认为美国的这种教育方式是错误的,他也许会反问:"有必要诚实到给别人带来麻烦吗?"但是,对于价值观还没有成熟的孩子来说,这种教育方式可能会害了孩子,因为孩子们还不能区分什么情况下应该诚实,什么情况下不得不撒谎。

"在任何情况下都要诚实"的美国教育方式,"有时候需要善意谎言"的中国教育方式,哪一种会更容易使人失去"诚实"这个标尺? 在不断需要说谎话的状况下,孩子就会完全忘记"人应该诚实"这个基本道理的。

美国哈佛大学的校训上只刻了一个词"诚实"。在这里,诚实远比考试分数更重要。在哈佛大学,入校新生的第一课就是诚信教育,也就是说,诚信比什么都重要!

在日本,对孩子的"诚信教育"从孩子刚刚懂事时就开始了。

守信的"基础"是诚实,所以日本父母非常重视培养幼儿的诚实品质。比如三四岁的孩子不小心打碎了花瓶,如果他勇于承认错误,不仅不会受到处罚,还会因为诚实而受到表扬。但是如果他编造谎话甚至嫁祸于人,那么不可避免地会受到重罚,甚至强行要求将其零用钱或压岁钱做赔偿。奖惩如此分明,使得孩子从懂事起就在心中树立起"以诚实为本"的信念。

等孩子稍大些;开始有了自己的"约定",父母会给予格外的关注和尊重。如当全家兴致勃勃准备周末外出游玩时，若是孩子提出已与小伙伴有约在先，那么日本父母会尊重孩子的"约定"，不会强迫孩子服从大人的安排而轻易违约。

即便是玩扑克牌之类的家庭游戏，诚信教育也渗透其中。许许多多的日本父母把儿童游戏视作"人生游戏"的"序曲"，认为这是锻炼孩子的最好课堂。父母不仅以身作则保证游戏公正，也会要求孩子在游戏中不能作弊。在孩子上学后，要求孩子按时交作业、考试不作弊、不涂改成绩单等则成为诚信教育的继续和发展。

各国的教育家一致认为，诚实是一个人的为人之本，就如同一幢大厦的地基。他们的看法，和我们中国人祖祖辈辈流传下来的做人原则不谋而合。

诚信是人类社会正常的和必要的道德原则。古人在很早的时候就说过"一诺千金"，"言必信，行必果"，"一言既出，驷马难追"等话语，向世人强调诚信的重要。相反，"言而无信"，"言行不一"，"不守信用"等，都是我们深恶痛绝的，我们不屑与这样的人为伍。诚信是立身之本，做人之道，诚信教育自始至终都应贯穿于理财教育中。那么，不同年龄阶段的孩子应接受怎样的理财教育呢？

一、起步阶段：起早养成好习惯

0～6岁是生命最初的成长阶段，也是行为习惯养成的敏感期，孩子会自发性地吸取周围环境的所有印象，是奠定智力与人格的基础期。两岁以前的婴儿只有两种截然不同的生活态度，那就是信任和不信任，父母通过爱心和亲情，培养婴儿对人的信任感。缺乏安全感的婴儿，由于对人不信任，表现出羞愧和怀疑的态度，特别是在婴儿期，如果得不到家庭的温暖，长大以后必多冷酷无情，甚至孤立乖张。这阶段的亲子关系，父母要以身作则，保持家庭和谐的气氛，提供各种安全的尝试，善加引导孩子的行为和观念，尽量通过各种游戏或活动，来促进孩童手指的灵活性和全身动作的协调，通过寓教于乐的活动，引导孩子从中学习所需要的生活经验，逐渐养成一些基本习惯。

　　科学研究证明，孩子越小，学习能力越强。以往我们关注孩子进入小学阶段的学习，却忽略了从出生到入学阶段的学习。因为每个人大脑的能力取决于神经元构成的连接网络的大小，神经网络是根据外界因素刺激而产生的。从效率上看，连接网络最强的时候是 3 岁左右。这个阶段，奠定了一个人思考、语言、视力、态度、技巧等能力的基础。12 岁前由神经元组成的连接网络不断发展出一些特别的组合去配合某些学习或成长所需，而方便各种能力学习的网络会全部出现，大脑的基本结构也定型了。所以幼儿期的学习是建立基础，尤为重要。比如外语的学习，当幼儿受到外语的刺激时，他脑里的神经网络便会相应发展，所发展的网络是最适合学习外语的网络，与其相比，成年了再学外语，只是运用已有的网络去做本非为此的工作，当然学得比孩子慢了。

学习理财知识也是同样道理。给2、3岁孩子准备一个颜色亮丽、造型可爱的存钱罐，经常投硬币进去，边投边让孩子熟悉钱币的基本形状、图案，视孩子的认知状况，还可教孩子辨别钱币的面值和多少。将来再去学习如何达到收支平衡，甚或更复杂的理财知识时，对于有备而来的孩子，自然会先胜一筹。

　　此阶段的理财教育需传授一些简单知识，切忌灌输太多学前儿童无法理解的抽象概念，他们只对具体的东西感兴趣。教育重点是帮助孩子养成良好的储蓄习惯，学会分享，以及学做简单的家务劳动。

1. 帮助孩子树立"我的"意识

　　"我的"意识出现，是孩子们成长过程中非常重要的一个发展阶段，一般在孩子两岁时就开始有了所有权的意识。在和伙伴们的游戏中他们会看管好自己的东西，如果有小朋友拿走了，他们十有八九会尖叫："是我的玩具，不给你玩！"对于这种意识不应该任意扼杀，因为有了"我的"才会产生"你的"意识。不要急于让孩子学分享，在孩子们懂得与伙伴们分享之前，必须学会保护自己的物品。为了让他们爱护别人的玩具，他们必须有这样的经历：我的玩具归我所有，如果我不愿意，谁都别想拿走它。要想让孩子学会分享，就必须让孩子拥有自己的物品。

　　对于孩子来讲，与别人分享非常困难，这是很正常的现象。事实上，家长说教越少，效果反而会越好，家长们只须做好示范带头作用就足矣了。

如果稍大一些的孩子不经允许就拿走别人的东西，甚至偷东西，这种行为的背后通常隐藏着他们对自己所有物的不安全感，这就需家长们仔细思量，是不是给孩子的私人所有物太少了？如果真是这样的话，就应该让孩子有一个相对独立的空间，能够将自己的物品与其他物品区分开来，他们自然就会尊重与别人的界限，这时他们自然就能理解与他人分享和互赠礼物，同时还得到了自己的人生财富。

2. 让孩子爱上家务劳动

一屋不扫，何以扫天下？一点小事都不愿意做，又何以去做大事？要想孩子将来能成就一番伟业，父母必须培养孩子热爱劳动的好习惯。

美国哈佛大学的学者们在进行了长达二十多年的跟踪研究后，得出一个惊人的结论：爱干家务的孩子与不爱干家务的孩子相比，失业率为1：15，犯罪率为1：10，离婚率与心理患病率也有显著差别。由此可见，参加家务劳动不仅仅是孩子为父母分忧的权宜之计，更重要的是它关系到孩子今后的就业成才和生活幸福。因此，我们要创设良好的条件，让孩子从小就自然而然地参与并热爱劳动。

（1）孩子成长才是真。与孩子一起劳动是一件辛苦的事，由于经验和能力的局限，有时孩子的劳动也可能会给父母带来更多的麻烦，但是从教育孩子，促进孩子健康成长这个长远目标来考虑，还是值得的。不在于孩子干活轻重多少,而在于孩子的参与过程。孩子干得虽是一些在成人眼里微不足道的简单的家务劳动,如整理报纸、买瓶酱油、擦擦桌子等,但对孩子来说却意义重大。孩子在做家务的过程中,不仅可掌握一些简单的技能,养成良好的劳动习惯,而且有利于责任心和义务感的培养。因此,家长应重视利用家务劳动对孩子进行教育。

(2)力所能及就好。家长应针对孩子的年龄特点和身体状况,给孩子分配一些力所能及的家务。一般来说,3岁多的孩子对周围的事物已经认识了不少,两只手已很灵活,这时就要鼓励孩子参加适当的家务劳动了。最初当然要从自我服务开始,如给洗衣服的妈妈拿肥皂,给刚下班的爸爸拿拖鞋,给爷爷捶捶背……

幼儿时期孩子好奇心强,还喜欢模仿,在看到家长整理房间、洗衣服、洗菜时,会有一种新奇感,也会产生浓厚的兴趣,非常乐意模仿家长做这些家务活。你洗衣,他就在旁边玩肥皂;你包饺子和面,他就伸手去揪一块面玩。这时,家长就可以随机吩咐孩子做一些十分简单的事情了。

4、5岁的孩子能做一些较为固定的家务了,如打扫房间时,让孩子抹桌椅,吃饭时,让孩子收放餐具等,使孩子逐步意识到自己在做有益的事情。5、6岁的孩子劳动技能已有较大提高,可让他们独立完成一些家务活,如洗碗筷、洗手绢等。

在给孩子分配家务时,一定要注意安全,一些有危险的事,尤其是与电、煤气、开水等有关的劳动尽量不让孩子做,且在劳动强度和时间上也不宜过量和太久,以免使孩子厌烦或畏惧家务劳动。

(3)全家齐动员。孩子是乐于和家人一起做家务的,如和妈妈一起择菜洗菜、收叠衣物,和爸爸一起清扫房间、整理花木,节假日全家人一起包饺子等。全家人一起劳动不仅可以提高孩子劳动的兴趣,融洽家庭气氛,密切亲子感情,还能培养孩子的协作精神。在与孩子一起劳动时,父母应以身作则,要以自己对劳动的热爱之情来感染孩子,做家务时放点音乐,哼哼歌,给孩子树立一个良好的学习榜样。

有的家长在让孩子干活时总爱说:"你帮我干点活",久而久之,就会使孩子缺乏家庭责任感,也就不愿意干家务活了。应该从小就让孩子明白参加扫地、洗菜等家务劳动,是他自己应尽的一份义务,而不是帮父母干活,这样孩子在干家务活时,就心甘情愿地去做,而不会讨价还价地讲条件了。

(4)劳动是快乐的。要让孩子体会到劳动的快乐。培养孩子的劳动习惯时要抓住孩子的特点,尽量让孩子做的家务活充满趣味性,如帮助摆餐具时,可让他放一些色彩鲜艳有图案的桌垫、餐巾纸等。再比如,玩完玩具后,告诉孩子:"天黑了,玩具们要回家了,快把他们静悄悄地送回家吧。"这时孩子就会很乐意地迅速收拾好玩具。还可在劳动中增加竞赛性,如在家务劳动中和孩子玩"比比看谁做得好、做得快"的游戏,相信孩子会更乐于帮忙的。

由于孩子的能力有限，有时劳动质量可能不高，父母不要嘲笑、责备、呵斥孩子，而应耐心地指导和帮助，在对其肯定的基础上提出改进的要求。有的家长喜欢在孩子犯错误后，用劳动来惩罚孩子，还美其名为"劳动改造"。事实上，这样的教育，不但没能使孩子意识到自己的错误，相反还会使孩子对劳动产生厌恶感。孩子都希望自己的劳动得到大人的肯定和表扬，父母应及时对孩子在劳动中的出色表现提出表扬，对他们的劳动成果予以充分的肯定，保护孩子劳动的积极性。

二、学习阶段：允许孩子犯错误

4、5岁的孩子，通常只知道钱的存在，钱可以用来买东西，对钱的实质，并不了解，用钱的能力则尚未建立。6岁以后，孩子们有了数字的概念，对钱的多少和价值，也逐渐明白，这时，配合上学以后的需要，家长可以开始给零用钱。因为孩子在学校里，看见别的同学去小卖部，就会产生购买的欲望，如果身上没有钱，又不敢向父母开口，极有可能引发心理问题，如不合群、自卑等，甚至可能会向父母骗钱。

6岁的孩子开始上小学了，对孩子和家长来说，都是一个新的开始。孩子们从自由自在的生活转向有规律的生活，在孩子记忆中，游戏就是学习，学习也就是游戏，两者根本分不开，也不需要区分。而进入小学后游戏就是游戏，学习就是学习，两者开始分化，孩子缺乏这种心理准备，当然很不适应。家长最好和老师保持密切的联系,不能完全把孩子托付给学校老师就不闻不问了,因为孩子从课本上"看到"一些东西,在课堂上"听到"一些东西,和自己亲身经历会有很多不同。应该留出一些时间,和孩子一起到公园、名胜古迹、图书馆走走看看,养成孩子思考的习惯,同时也就可以逐渐放手了。当孩子自动地读书找资料,还向你报告心得时,那才是开心的好事情。

6～12岁的孩子,学习主动性加强,处理有关钱的问题的能力也有所提高。因此,加强孩子的纪律性及责任感是这一阶段的重要任务。

1. 教孩子做个聪明的消费者

玉峰上小学二年级,以前从来没自己买过东西,暑假期间,他学会跟同学去买东西了。

购物是一个人融入社会的重要活动,孩子有了独立购物的能力,说明他的经济意识和人际交往能力都发展到了一个新的阶段,这是一个难得的教育机会。孩子购物买零食的过程其实是非常重要的社会实践过程,我们要耐心巧妙地加以介绍引导,让他们学到商品知识和社会知识。所以,孩子花钱也有积极意义,并不能一概否定,更不能如临大敌,应该针对不同的情况,采取不同的办法,让孩子学会花钱,做一个聪明的消费者。

(1)要满足孩子合理的要求,过于苛刻容易造成孩子心理的扭曲,对物质的欲望反而更强,纵使现在被外力强压下去,将来在外力失效之后,很有可能畸形地爆发。很多贪官都是苦孩子出身,那种畸形的贪欲往往能从幼年过于贫乏的物质生活中找到原因。

(2)不能一味地满足孩子,要啥给啥。要从小培养孩子的自控能力,建立延迟满足,让他有一种为未来的某个目标而克制和努力的性格。譬如,假如他能克制一段时间不买东西,就可以让他在某个特定的时候买一个更好的东西;或者将普通的购买变成奖励,如果能达到某个目标,就可以让他自己选择买一个东西,这样逐渐培养孩子的自我控制能力。人其实一生都处于各种诱惑之中,能否保持理性,是人生能否获得成功的重要因素。人生是辛苦的,人生需要克制和忍耐,而忍耐必定能得到报偿,最终享有更大的快乐。

(3)多和孩子讨论、交谈,帮助他形成良好的价值观和行为习惯,还可以转移注意力,多陪陪孩子,多安排些活动,让课余更充实,淡化买东西的欲望,削弱购物的代偿作用。另外,也要注意,孩子容易受同伴的影响,如果身边有一个爱花钱的同伴,最好减少接触,或者和对方的父母多沟通,形成共识。

(4)大人是孩子的榜样,我们不妨反省一下,自己是不是很热衷于逛商店,是不是会轻易地花钱,给孩子的钱数量是否合适,给钱的态度是否让他觉得很慎重……我们对待物质的态度也会反映在孩子身上,所以在教育孩子的同时,还要从我做起。

2. 培养孩子自主理财的意识

理财只是一种工具和手段,教育的目的并不是让孩子学会攒钱,或一定要让他们经商。从眼前来看,要让孩子养成不乱花钱的习惯,从长远来看,培养孩子的理财能力将有利于其及早形成独立自主的生活能力,从而在社会中具有可靠的立身之本。

心理学研究表明,独立自主意识是全面发展的基础。我国人民教育家陶行知有一首通俗的《自立人之歌》:"淌自己的汗,吃自己的饭,自己的事自己干。靠天、靠人、靠上不算是好汉",不仅切中时弊,现在读起来仍感到很亲切。孩子要有作为,必须从小克服依赖性,不依赖父母、亲友,不依附权势。

看看您的孩子吧,他的独立性如何? 如果你有事,你的孩子能否一个人在家料理自己的生活,购买所需的食物,你放心吗?

一些家长对孩子包揽一切,导致孩子过分依赖,泯灭了孩子的参与意识与自主意识。其实,充分相信孩子,放手让他们做自己力所能及的事情,要求他们把自己应该做的事情做好,有利于他们实现自身的价值,而在这些成功的体验中,孩子获得了自信,从而更加大胆地去承担事情。这种良性循环,有助于培养孩子良好的心理素质与独立行事的能力,有助于责任心的形成和发展。

3. 培养个有爱心的孩子

石油大亨洛克菲勒在教育孩子时,总是不厌其烦地告诫他们要勤俭节约。在他们很小的时候，每当家里收到包裹，洛克菲勒拆开看过包裹后，总会把包装纸和绳子保存起来，以备不时之需。家里有4个孩子，洛克菲勒却只给他们买一辆自行车，让他们4个人自己分配，轮流骑。最小的孩子小约翰，8岁前几乎穿的全是裙子，因为他是家里的老幺，穿的都是前面3个姐姐留下的。但在对待邻居孩子身上，洛克菲勒却鼓励孩子们尽可能地在金钱和其他方面给予帮助。

洛克菲勒退休后，儿子小约翰开始掌管家族事务，他和几个商会的朋友建立了一个非洲援助基金，专门帮助生活在非洲的贫困人口。小约翰在基金会成立的开幕仪式上激动地说："感谢我的父亲洛克菲勒先生，不仅仅是因为他为基金会捐助了一大笔金钱，更重要的是，从幼年起，父亲就一直是我精神上的动力和偶像。父亲对我的告诫，时常萦绕在我的耳畔，'我们生活在这个世界上，赚钱并不是我们唯一的目的，我们能够如此生活，就证明我们已经非常幸福了。因此，我们要时时刻刻地看着我们的四周，关注那些不幸的人，关注那些需要我们帮助的人，这个世界上到处都有人需要我们伸出仁爱之手。我们每伸出一次手，这个世界上可能就会少一串泪珠，多一张笑脸。'"

作为世界上慈善事业最为发达的国家之一，美国仅非营利性的慈善组织就有140多万个。这些大大小小的慈善机构，它们或以宗教团体的名义，或以基金会、募款组织的形式，几乎遍布于美国的各个社区。而支撑这些慈善机构，并投身于各种慈善事业的,则是每一个普普通通的美国人。曾经有人说过,"小气的美国人可能连好朋友结婚都只送50美元的礼物,但一年的慈善捐款却可能达到500美元。"这虽是一句戏言,但多少能够折射出美国人对于慈善事业的一种独特情怀。

美国人热衷慈善,很大程度上跟他们的教育、宗教信仰以及法律有关。人们在孩提时代就会受到父母长辈们"救济救助乐善好施"的熏陶培养。比如上世纪七十年代,前总统卡特的七旬老母不顾年迈加入赴海外提供慈善服务的"和平队",回国时,全体儿孙手持小彩旗前往机场热烈欢迎。这对于正在成长中的孩子们来说,影响是显而易见的。而在学校,孩子们也从小就开始接受慈善教育。比如学校会教小孩把自己的小眼镜卖了捐给慈善组织,因为他们是帮助穷人的。在美国大学,录取新生时还将"是否参加过义工和志愿服务"作为重要评估标准之一。美国的慈善事业,绝不仅仅是富豪们的游戏,平民才是美国慈善事业的主体和蓬勃发展的不竭动力与灵魂。而这种深厚的慈善文化,也从每个人的青少年时代开始,就被灌输到人们的信念中。

我国的慈善事业也有着自己悠久的传统。汉唐寺院济贫、赈灾、医疗、戒残杀的长盛不衰;宋代养老扶幼事业的勃兴;元医疗救助的兴起;明清的民间慈善群体在中国慈善史上更是首屈一指。

范仲淹是北宋时期著名的政治家、文学家,曾在其名作

《岳阳楼记》中，以"先天下之忧而忧，后天下之乐而乐"言明心志。这种以民为先的思想，既是范仲淹身为政治家所坚持的理念，也是他作为慈善家，实践于其一生善行中的大德。

范仲淹自幼家境贫寒，身居高官之后，虽然薪俸丰厚，却依然勤俭。他把自己积攒下的大量家财拿出来，在家乡苏州郊外的吴、长两县购买土地近千亩，以地租所得救济当地的穷人，使他们"日有食，岁有衣"。这千亩田地因此被人们誉为"义田"。当地凡有人家婚丧嫁娶，范仲淹都会拿出钱来资助。对于鳏寡孤独之人，范仲淹还会定期给予周济。范仲淹的家乡因而也被人们称作"义庄"。

除了扶贫济困，范仲淹还非常热心于赞助苏州的教育事业。《范文正公全集》记述了这样一个故事。北宋景佑二年（1035年），范仲淹在苏州南园购得一处草木葱茏，溪水环绕的好地。原本范仲淹是想在此建设自家的住宅，当房屋建好后，范仲淹请来一位风水先生。先生探查了一番，连夸此地风水好，称若久居此处"必踵生公卿"，也就是说范家住在这里可以世世代代出高官显贵。范仲淹听后却说，"吾家有其贵，孰若天下之士咸教育于此，贵将无已焉"（我家独享此处的富贵，不如让普天下的人都能来这里读书，这岂不是能出更多的贵人）。于是范仲淹毫不犹豫的将房地献出，奏请朝廷批准设立了苏州学文庙，以期培养出更多的人才。范仲淹捐宅兴学的举动在当时影响极大，以至当地富户纷纷效仿。据说"吴学"日后的兴盛即得益于此，并有了"苏学天下第一"

的说法。

而今,我国更是涌现出一批批无私捐助的社会贤达、名流、企业家、离退休干部等,他们为水灾、贫困的大中小学生,为艾滋病、白内障的贫困患者默默做慈善救助。统计表明,至少一半的富豪要求对其捐款事实及数额"保密"。

我国目前有十个影响力较大的慈善机构,分别是中华慈善总会、中国残疾人联合会、中国扶贫基金、中国妇女发展基金会、中国红十字会、中华环保基金、宋庆龄基金会、见义勇为基金会、中国光彩事业促进会。父母可以和孩子一起,从收到的这些非赢利性团体的捐助恳请书中确定几个最有意义的,每一年或半年,将孩子的零用钱和您的钱合在一起,参与慈善捐助,共同捐助令家人内心受到感动的事业。

像储蓄一样,慈善捐助是孩子们需要养成的一个重要习惯,需要从小培养。为孩子强行设定一个慈善捐助数额并无助于培养孩子内心里的捐助愿望,要让孩子明白,捐赠的价值并不在乎你给多少,而在乎你是否参与,是否尽心地向社会贡献自己的爱。每次捐一点,长期坚持,你的贡献也无疑将是很大的。让孩子参加志愿者的活动,家人可以一起花些时间,为当地的救济所、孤儿院或疗养院做义工,教育孩子做一个有爱心的人。

4. 教育孩子爱护人民币

去过日本的家长朋友,稍加留意周边的人、事、物,一定会有这样的一些感触:

日本地铁的客流量很大，但不管是在地铁站，还是在车厢里，到处都是静悄悄的，即使有人说话，也都把声音压得很低，尽量不影响周围的人。乘扶梯时都主动站在右侧，把左侧让出来，留给急赶着上去的人。

日本的人行道两侧都有红绿灯，只要红灯亮，所有的人都静静等候，即便没有车通过或是在傍晚也一样，自觉遵守交通秩序。

还有就是在商场、小超市购买东西时，他们从钱包里取出的日圆都是平平展展的，无论你在哪里买东西，找回的零钱都很整洁。实际上这些都是日本国民素质的体现。

在国内，相信很多人都遇到过这样的事，在银行取出的新版人民币，从菜市场买菜回来，100 元的新钱就变成了一大把湿漉漉的旧零钱，有些还是残缺的。人民币作为我国的法定货币，代表着国家的一种形象，从某种意义上说，更是我们国家的一张"名片"。随着我国改革开放的深入和国际声望的提高，来我国的国际友人、商贸社团和归国探亲的侨胞越来越多，因此，人民币的整洁与否直接关系着国家货币的声誉。每个人都有正当获取和使用人民币的权利，但作为"国家名片"，每个人在正当获取的同时，也有爱护、不随意损毁的责任和义务。

另外，爱护人民币也是一种勤俭节约的行为。人民币的设计、制版、印刷，国家都要投入相当的技术设备力量，发行每一张人民币付出的流通费用也是很高的。减少人民币的损坏率,就能节约下许多的费用。

现在生活条件好了,孩子们手里多多少少都有了些钱。希望广大家长能适时进行机会教育,提醒孩子从小养成爱护人民币的好习惯。我想,这不仅是对人民币的尊重,对长辈的尊敬,也是对国家法律的敬仰,是一种爱国行为的具体表现。

5. 培养"低碳"小达人

在中国,年人均二氧化碳排放量 2.7 吨,但一个城市白领即便只有 40 平方米居住面积,开 1.6L 车上下班,一年乘飞机 12 次,碳排放量也会在 2611 吨。节能减排势在必行。

我们一起来看看台湾"减碳达人"张杨干一天的碳排放量:开车 25.6 公里(4.72kg)+搭电梯 24 层(5.232kg)+用电脑 10 小时(0.18kg)+外食三餐(1.44kg)+热水澡 15 分钟(0.42kg)+洗衣机 40 分钟(0.117kg)+ 开电风扇 10 小时人均(0.25kg)……碳排放总量为 14.104kg。

为自己开车产生的二氧化碳买单,这是央视主播芮成钢献给奥运会倒计时一周年的特殊礼物。他笑称:"别人买股票,我买二氧化碳。"据悉,他是中国公开购买"个人碳排量"第一人。通过购买二氧化碳排放的额度,抵消了这一年里他开车所产生的二氧化碳对环境所产生的影响。

一个人的二氧化碳排放量真可以算得这么精确吗?没错,在很多网站都可以找到类似的计算器。在知道自己的碳排放量后,节能减排就是眼下时兴的"低碳生活"。

除此之外,有的计算器还会告诉你,为了抵消掉这些碳,你需要种多少棵树。

在北京的八达岭,一个碳汇林林场已经成形,平均换算价格是每千元8.6吨,如果你想抵消掉自己的碳排放,可以来这里购买碳汇林或种树。比起少开车、少开空调,购买碳汇林的主意受到了更多人的欢迎。根据联合国开发计划署发布的《人类发展报告》,到2015年,中国的人均碳足迹将达到每年5.2吨,减少碳排放,你和孩子有很多事情可以做。

(1)孩子的衣服可以"捡着"穿。孩子的衣服是典型的高消费产品,尺寸虽小但价格不菲,甚至超过大人的衣服。一件名牌T恤比大人的T恤都贵,可以选在打折时购买,捡亲戚朋友家孩子穿不下的衣服也是不错的选择。

(2)孩子的书可以"借着"看。许多家长朋友都意识到孩子早期阅读的重要性了,家庭藏书的消费也在逐年走高。其实不是所有的书籍都必须收入囊中才能发挥其作用的,完全可以带着孩子到图书馆或是书店去看书,既有读书的氛围,可选择的范围又广。

(3)孩子的食品尽可能自制。像各种米粉、薯泥类、果汁类产品完全可以自制,吃新鲜的对孩子健康更有利也更安全。尽量多在家吃饭,而经常吃饭馆,对孩子的健康无益,还可能养成乱花钱的习惯。

(4)孩子的娱乐消费尽可能少花钱。带孩子外出游玩,开拓眼界,强健身体是十分必要的,可以经常去那些免费开放的大众娱乐健身场所,只要和爸爸妈妈一起出去玩,孩子就开心。再就是少看电视,利用这些时间一起游戏,读书,聊天……增进亲子关系,同时还能节能减耗!

(5)带孩子多走路少开车。路不是太远的可以骑自行车,少坐电梯,多爬爬楼梯,强身健体。在日常生活中教给孩子这些正确的做法,对孩子良好价值观的形成大有裨益。

过低碳生活,我们还能想出很多办法来抵消自己的碳排放。比如,可以种树,一棵树一年大概能吸收 265kg 二氧化碳;可以选择买本地的新鲜产品,因为长途运输会排放大量二氧化碳;尽量使用省电灯泡,11 瓦的节能灯就相当于 80 瓦白炽灯的亮度,使用寿命比白炽灯长 6 到 8 倍;使用环保袋购物和可循环使用的餐具……有的方法不免会有些麻烦,但关心全球气候变暖的人们却把减少二氧化碳实实在在地带入了生活,就像网站低碳生活部落里的一句口号:"你今天减碳了没?"

┃财智箴言┃

❋ 做任何事情时都要帮助孩子建立目标,绝对有裨益。如设定储蓄目标,在有目标的情况下,孩子在理财时会更有方向和更有目的。

❋ 教会孩子合理安排一周的零花钱,能懂得每周节约一点钱,以便得到自己真正需要的东西。

❋ 培养他们延迟满足感的自制力。孩子们从小懂得自我控制冲动,将眼前的满足感(诱惑)忘却或能够延迟满足感,养成不乱花钱的习惯,那么在将来的日子就有机会获得更大成就,因此家长平日应帮助孩子学习延迟满足感。

✱ 参加力所能及的家务活。让孩子知道,没有免费午餐,懂得付出劳动才有回报,培养孩子自己动手的能力及对家庭的责任感;通过孩子自己的亲身体验,让他明白家里开支的钱都是爸爸妈妈劳动换来的,从而更加珍惜父母的劳动成果,养成节约好习惯。

✱ 组织全家人一起参与慈善捐助。让孩子们从收到的非赢利性捐助恳请书中筛选出一些,共同捐助令内心受到感动的事业。

三、实践阶段:尝试一些安全的投资手段

青春期(13～18岁)是人生变化最大的时期,心理学家把它称为人生的暴风雨时期,这时期孩子的身心发展出现明显的变化与不稳定。生理上产生了巨大改变,心理的变化则由前一阶段对外界的关注,转而对自我的强烈意识,包括自尊心、情绪化、反抗纪律与权威等。

家长要清楚现今的孩子无论在智力成长、吸收资讯和社会影响方面都急剧地趋向早熟,在教育孩子时要以效果为目标,而不应盲目追随传统观念。亲子关系应从上下垂直的关系,逐步调整为斜向。不能再像从前那样,日常起居、生活琐

事什么都要管,更不能以权威命令或施以体罚,而是多聆听、参与他们的生活与学习,重视孩子的感受,多用提问题的方式,让孩子思考、反省自己的言行,以达到自发性行为。这样孩子也会更加信任父母,呈现一种互敬互爱、互信互赖的坦诚关系。也许有一些年轻的父母以为家长应该完全平等地对待自己的孩子,和他们成为无话不谈的朋友,这种朋友关系也的确令人向往,但事实上孩子无法接受这种关系,孩子需要的不是伙伴,而是强有力的保护者,值得信赖的强者。孩子的感觉是我的父母聪明,有本领,强壮有力,可以照顾我,带我认识这个陌生的世界。

在这个阶段,原本常常听从家长指示,跟在家长身边亦步亦趋,习惯了也愿意让家长牵着手走路的孩子,在很短的时间里,突然不再喜欢跟家长外出,而且事事开始有了自己的主意,即便做错了事,也总是坚持己见,宁愿受骂。青春期的孩子,他们的反叛行为就是想摆脱对父母的依赖,父母会感觉自己在家中的权威下降并产生失落感。也许会因为某些相同的兴趣爱好,和孩子建立起一种类似于朋友的关系,但父母依然是父母,各自有着自己的朋友圈子,尽量彼此接近,但还是会有一定的距离,这很正常。孩子真正长大以后便不再依赖父母了,此时两代人之间仍然不太可能建立一种平等的朋友关系。

随着孩子的成长,孩子的行动有时可能会发生一些令父母意想不到的变化。孩子开始需要一个独立的空间,争取独立的行为也更积极了,更以一种新的眼光,来重新评估父母的言行和价值观。然而实际情况又使孩子不得不依赖父母,这种内心的矛盾,导致孩子不断反抗父母,时常和父母吵架,父母最好把它当作孩子成长过程的一部分,以冷静理智的态度来面对,如果家长不谅解、不懂得如何配合这些转变,对亲子关系会有很大的负面影响。沟通会快速恶化,拒绝、隐瞒等行为也会出现。孩子们反叛性格大都在这一时期产生,更严重的争吵、离家等行为也可能发生。

这个改变的第一步就是孩子想甩开家长的手,表现出来的行为态度就是不再顺从家长的安排。家长们如果明白这是孩子成长中最重要的一步,就不会事事施压,坚持孩子凡事听从自己的指示了。毕竟家长的本意是希望孩子将来成为一个完全有能力照顾自己,并成功处理人生中种种挑战的人,甩开家长的手是必然的第一步。开始的一些做事方法可能不周详,可这正是好的自立锻炼,孩子们似乎有着和父母同样的目的。另一个反复出现的主题就是钱,孩子逐渐会对他们周围的世界有越来越多的认知,他们渴望得到在广告中或者在朋友那里看到的衣服和玩具,他们强烈地意识到要与伙伴们保持一致。孩子们真的相信他们需要钱,与孩子共同学习理财知识会是一个极好的方法,这样,家长就可以与既喜怒无常、充满叛逆而又颇具性情与天资的青少年进行开诚布公的对话了。

这阶段的孩子大多数都对物质生活充满了浓厚的兴趣

与强烈的欲望,家长们应该做的是帮助他们克服财务方面的错误观念,重新评价他们对物质的渴求,并适时培养孩子合理收支的能力,让孩子积极参与家庭理财计划,最终力求孩子成长为有理财责任感,金融知识丰富且自信心十足的成年人。

1. 记账是学会理财的第一步

张广霞是"郑州市十大杰出母亲",在她的家庭教育计划中,理财教育是一项重要的内容,而她最为得意的育儿经,就是训练儿子银龙理财能力的那个长长的记账本。

张广霞有一个流水账本,无论是买彩电、冰箱,还是买青菜、萝卜都一一记账,记账成了全家人每天的必修课。儿子银龙从小耳濡目染,对记账的事看在眼里,记在心上。每到晚上,银龙总不忘提醒妈妈记账。

爷爷奶奶对银龙很娇惯,时不时地给孩子零花钱,买衣物、玩具和零食。张广霞及时跟老人沟通后,全家人达成一致,给孩子买东西时,如果没有预算,就不能买。孩子需要花钱时,必须讲明理由。每次家里有大的开支,就开家庭会议,全家一起讨论。

银龙四五岁时,开始会进行简单的数字计算了,张广霞就开始教儿子记账。先由儿子笔算,慢慢地发展到口算。在张广霞的带动训练下,银龙的加减运算速度比一般孩子快很多,在买东西时心算也很快,经常是售货员说出重量,银龙就算出了钱数。

通过记账,银龙慢慢地体会到有时候随意花掉的1元、2元钱,当时没有放在心上,但是到账本上一汇总,就是一笔不小的数目。为了减少账目上的开支,银龙自觉减少了买零食的次数,懂得了节俭。

银龙上初中后,张广霞就把家里的日常采购大权全部交给他负责,让他从生活中学会理财,从理财中学会做人做事。银龙花起钱来有条有理,家里的开支账目清晰,张广霞非常放心。

银龙考上了南京大学后,在鼓鼓的行囊中,没有忘记把"理财小账本"放进去。银龙的记账本总是能给妈妈一个明白、清楚的账目,记账本身就是一种重要的生活技能,对银龙的独立生活能力,妈妈自然没什么好担心的了。

通过记账,能让孩子更清楚地了解零花钱的变化情况,检查哪些支出是合理的?哪些是可以节约的?避免消费行为中的盲目和混乱,对零花钱的管理能起到积极的作用。帮孩子做一个记账本吧。

美国知名理财专家戴维·巴哈曾说:"每天少喝两杯拿铁,30年就省7000万元。"意思是说每天看似不起眼的琐碎开销,经过日积月累却会变成可观的支出,而这些日常生活中的非必要开销即被称为"拿铁因子"。记账的原则就是滴水不漏,任何一笔小钱都要记录下来,因为日常生活中常有些不容易被注意到的开销,比如一杯可乐,一张DVD光盘,长久累积下来,就不是一笔小数目,通过记账便可轻松察觉这些"拿铁因子"了。

对于孩子来讲长期坚持记账比较麻烦,不大容易坚持,相比来讲,不定期记账孩子们更容易做得到。

对于小学1、2年级以下的孩子,可以让他们收集买回家的小玩意的包装袋、小零食的口袋等定期整理、记账,这么做不仅帮助孩子养成不乱花钱习惯,还能提醒孩子少吃一些没营养的零食。

上小学3年级的孩子可以做一周的开支计划了,一些琐碎的花费,特别是小零食,如果没有记账习惯,可能不会注意,但复式效应的结果很惊人。让孩子不定期地记账是个不错的选择。

小学高年级的孩子功课多,时间紧,平时买东西时记着把收据、超市小票留好,最好能按日期顺序排列,不定期地整理,也能起到有计划花钱的作用。

事实证明,记账这种办法对于孩子来讲很见效。比起花钱无计划的孩子,这些会记账的孩子更可能做出调整,减少冲动购物。

2. 积极参与家庭购买计划

鲁迅先生曾说过:"……小的时候,不把他当人,大了以后也做不了人。"家庭会议制度是把孩子当"人"的重要一页。父母可以试着在孩子面前讨论家庭的财务规划,不一定要强迫孩子参加,但可以关掉电视,全家人聚在客厅试着让孩子软性地参与家庭的财务讨论。此时,父母可以把每个月的收入和支出算一算，列出资产负债表，用软性引导的方式，在孩子心中建立起初步的理财观念。家长要善于启迪孩子的思维，引出话题，让孩子有话可说，营造民主的氛围。尊重孩子的发言权，不失为促使他们迅速成长的一个好方法。

建议家长朋友每周用半个小时来举行一次家庭财务会议，让孩子参与家里账目和收支计划的讨论，仔细听听孩子说些什么，鼓励他们提供意见或解决方法。

向孩子公开家庭的财务状况，一方面是让孩子了解每月各种各样的收支情况，有了主人翁意识，孩子自然会把父母的钱也当成自己的钱来看，也会好好考虑在家庭中还有哪些地方可以实现理财的优化；另一个方面，就是让孩子能够明白家庭的财务状况，从而不对父母提出过高的要求。也有些父母担心孩子泄露家庭经济情况，因此在财务上对孩子保密。可以要求孩子对家庭财务事项保密，否则就取消下次的会议资格。

有关金钱方面，最为重要的是要坦率对待孩子，当他提出问题时，你要明确做出回答。如果你家里的钱很紧张，就应该让他知道真实情况，同时帮助他分析要买的东西的价格如何以及怎样才能理智地花钱，这能使你们彼此更靠近，不久，你就会看到你的价值观已经在他身上体现出来了。

|财智箴言|

✳ 要创造一个宽松、愉快、民主、和谐的家庭氛围，定期召开家庭财务会议，让孩子积极参与家庭理财计划。

✿ 让孩子承担家庭责任，关心家庭的财务收支状况，特别是教育金储备，将压岁钱或平时做家务挣的钱充抵一部分学业开销及今后上大学的费用。

✿ 要满足孩子合理的要求和愿望。如适时地给孩子添置衣物、图书及文具等。让孩子意识到自己需要的东西，只要是合理的，家庭又是力所能及的，是会得到满足的。

✿ 学会制定两周以上的收支计划，学会定期整理，做到收支平衡。

✿ 熟悉、掌握一些基本的金融知识，如银行利率计算、信用卡使用常识等。

✿ 了解常见投资手段，如集邮、证券、房地产等，还可指导大一点的孩子进行一些较为安全的投资，诸如国债、保险、基金等等。

尽管对于金钱的很多态度与习惯都是青少年时期形成的，但是向您的孩子传授生活理财技巧与金钱价值观在任何时候都不算晚。即使是在阅读本书时，您还没有给孩子发放零用钱、开立储蓄账户或传授预算基础知识也可以——并且肯定应该开始与您的孩子严肃认真地讨论财务问题并施行理财计划。这将有助于孩子在今后复杂的全球经济中把握正确的航向。

第五章　情商教育也重要

1933 年初,罗斯福就任总统后不久,去拜访 92 岁高龄的最高法院退休法官奥利弗·文戴尔·霍姆斯。他对富兰克林·罗斯福的印象一直是:是个好人,但有点文弱。然而,此次罗斯福拜访离开后,这位伟大的法学家在书房里陷入了沉思。在座的朋友不解其意,老人望了望罗斯福刚刚走出去的那扇门,脱口说道:"智力二流,但性格却是一流!"

罗斯福被誉为是与华盛顿、林肯齐名的最杰出的美国总统。他之所以能带领美国走出经济萧条,在第二次世界大战中成为真正的赢家,与他积极乐观的性格有着极大的关系。他真诚、坚强、富于人情味,在罗斯福走向成功的过程中,情感因素起到了至关重要的作用,情商中的各项能力在他身上得到了近乎完美的体现。

所谓情商就是情绪商数,即非智力因素。它包括自我认识,情绪管理,自我激励,了解他人和社会交往等。高情商的人能将自己有限的天赋发挥到极致。罗斯福就是一个典型的例子。

在孩子的成长过程中,虽然智力因素作为操作系统每时每刻都起着一定的作用,但非智力因素往往在关键时刻起着决定性的作用。如果一个人在智力和社会情感两方面都很出色,那么他想不成功都很困难。

如果说,一个人的智商与遗传有关,那么,情商主要是经过后天培养的。家庭是孩子人生的第一个环境,亲子关系是孩子建立的第一个人际关系。孩子的情绪和对待环境的态度很大程度上是在家庭中形成的。父母的教养方法对孩子情商的发展起着至为关键的作用。一个乐观自信的孩子是不怕失败的,是活跃的富有创造力的,是具有获取成功和幸福能力的。这才是真正能让孩子享用一生的财富!那么,就让我们从现在起,不仅要重视孩子情商的培养,更要学习成为一个高情商的家长。

一、提高情商,备战多元化社会

美国著名的教育学家戴尔·卡耐基认为:一个人事业的成功,只有15%是由于他的专业技术,另外的85%要靠人际关系,处事技巧。所以他的哲学思想就是如何宽厚待人,如何培养人的自信心以及如何进行人与人之间的沟通。其核心理念是自控情绪,乐观向上,建立良好的人际关系。

社会高度发展,人们也在不知不觉中比以往承受更大的生活压力,如果没有良好的情绪智能,排解负面的感受,的确很难从成长中获得充分的自信心与愉悦的人际关系。与以前的几代人相比,现在的孩子更加冲动和不听话,更加容易发脾气和付诸暴力,更加焦虑和胆小。而且,他们低弱的自控能力显然阻碍了道德成长。

当孩子来到这个世界上，作为父母应该说成功了一半，把孩子教育成才才是全部的成功。但几乎大多数父母都没有系统学过如何用正确的教育理念和方法去帮助孩子，所知道的教育方法大多数是由父辈教给的，情商教育的方法和技巧也只知道"皮毛"。现代社会孩子每天都面临着来自各方面的负面影响——学业压力、父母和老师的压力、社会压力等，孩子不知道用什么技巧去应付这些压力，而父母也不知道具体都有哪些方法能引导孩子，于是孩子们只有在自己的世界中探索。那么，现在的孩子出现各种各样的心理问题也就不足为奇了。

情商是伴随着人的身心发展和交往活动的发展变化而发展的。不同于智商能够计算、量化，情商尚属于模糊的概念，与理财教育相辅相成的这些非智力因素包括认知、控制自身情绪的能力，了解别人的情绪，具备同情心，维系融洽的人际关系，责任感，良好的自我管理能力等等范畴。

在各个不同的年龄发展阶段，人们的情商发展水平和表现形式有所不同，情商虽然和孩子天生的气质息息相关，却也是能透过学习，从小加以培养的。观察孩子每个阶段的情绪发展，从旁提供引导及建议，让情商与智商均衡发展是最理想的教育孩子的方法。据心理学研究表明，孩子3、4岁时，是情商发展的关键期，幼儿脑重量会长至成人的2/3，其精密的演化是一生中最快的阶段，最重要的学习能力，尤其是情感学习能力，也在这个时期得到最大的发展。6岁以前的情感经验对人的一生具有恒久的影响,一个孩子如果此时情商出现问题,以后面对人生的各种挑战将很难把握机会,发挥潜力。可以说,这时已经输在起跑线上了。所以,在幼儿阶段进行正规、系统的情商教育具有重要意义。

既然对孩子的情商教育如此重要,父母该如何培养孩子的高情商呢?

1. 关注情商助推孩子成长

情商高的父母对孩子的成长有着积极的影响作用。

爱因斯坦小的时候,并不是一个天资聪颖的孩子,相反,是个已满 4 岁还学不会说话的"低能儿"。但是,担任电机工程师的父亲,却没有对儿子失去信心,他想方设法地让爱因斯坦发展智力。他为儿子买来积木,教他搭房子。小爱因斯坦每搭了一层,父亲便表扬和鼓励一次,在这种鼓励下,爱因斯坦一直搭到了十四层……父亲的鼓励和爱护使爱因斯坦的智力迅速发展。后来爱因斯坦在物理学的许多领域中取得了重大的贡献,人们称他为 20 世纪的哥白尼、20 世纪的牛顿。

爱因斯坦在回忆起自己小时候所受的教育时,充满深情地说"其实,我一直都知道我不是很聪明,是父亲的鼓励,伴随我走过了一程又一程……父亲并没有对不够聪明的我感到失望,是父亲没有放弃对我的希望和信心,尤其是在我最困难的时候总是鼓励我,与其说是我成功了,不如说是父亲成功地找出了一个平庸孩子的天才。"

从爱因斯坦的故事中可以发现一个亘古不变的真理：家长对孩子热切的期望、适当的鼓励和无私的帮助，将是孩子成功的重要保证。

我们都有这样的体会，到超市买东西，商品上的标签，会左右我们对商品价值的认定。有人做过这样的实验：完全相同的两件商品，标注不同的价格，人们会为他们找出价格不同的理由。人们会在标价高的商品上找出很多优点，会在标价低的商品上找出诸多不足，并且还能"明确"指出两者的"不同"之处。也就是说，标签会诱导人的思维方向。这就是所谓的"标签效应"。

心理学的研究上也有这种"标签效应"。在第二次世界大战中，美国由于兵力不足，政府征集了一批懒散的社会闲杂人员去支援前线。这些人没有组织，没有纪律，行动散漫，不听指挥，于是上级请心理学家来帮忙。

心理学家了解情况后，要求他们每人每月都给家里寄一封信，而信的内容是心理学家替他们拟好的，只要他们抄一遍就可以了。信中描述了他们在前线是如何听从指挥、奋勇杀敌、屡立战功。这样过去了半年，奇迹出现了，这些士兵都变得像信中所说的那样勇敢和守纪了。

到底是什么使他们变好了呢，是"听从指挥"、"奋勇杀敌"、"屡立战功"的标签作用。这一心理效应在父母对孩子的教育过程中也同样适用。

美国心理学家贝克尔说："人一旦被贴上某种标签，就会按照标签所标定的去塑造自己。"孩子就像一张白纸,父母给他贴上什么样的标签,他就会按照标签去塑造自己。给他贴上勇敢的标签,他就会努力形成勇敢的性格;给他贴上胆小的标签,他就会养成懦弱的性格;给他贴上勤快的标签,他就会变得勤劳;给他贴上"懒虫"的标签,他就会变得懒惰。

作为父母,希望孩子具有怎样的品行,就给孩子贴上怎样的标签。要培养阳光健康的孩子,就给孩子贴上正面的标签!你会发现,最终你的孩子会成为一个聪明自信,乐观勇敢,勤奋进取的好孩子。

孩子都是渴望赏识的。每个幼小生命仿佛都为了得到赏识而来到人间,谁也不是为了挨骂而活着,只有得到大人的赏识与认可,他们才会意识到自己的价值。

2. 培养孩子的共鸣能力

韩国前教育部长、首尔大学教育专家文龙鳞教授主张:对于10岁之前的孩子,首先要教给他们掌握别人感情的方法,读懂别人的情绪、痛苦、伤心等能力。这看起来似乎没什么,但在日常生活中,没有比这种能力更重要的了。

文龙鳞教授回忆了女儿10岁左右时发生的事情。

在一个清闲的周末,文龙鳞和孩子一起看电视。这时,电视里正播放索马里贫穷孩子的故事。女儿看着那里的孩子饿得瘦骨嶙峋,她的眼睛湿润了。当文龙鳞问她为什么哭时,女儿带着哭腔说道:"多可怜啊,苍蝇趴在身上,好像都没有力气赶。"

才不到 10 岁的女儿就能对别人的痛苦产生共鸣,为之伤心。看着这样的女儿,文龙鳞知道自己没有教坏孩子。

每每孩子吃饭或要睡觉的时候,文龙鳞都会对孩子们强调,要成为能够和别人好好相处的人,就算不能帮助别人,起码不要伤害别人,要像珍惜自己的幸福一样珍惜别人的幸福。这不只是为了教给孩子正确的价值观,更重要的是要让孩子知道为别人痛苦而伤心,这会成为在世界上生活的最大动力。

道德是在与别人一起生活时,处理发生的各种情况的标准。能够读懂别人感情的能力比什么都重要,这种能力高的人,其道德智能也是很高的。共鸣能力差的孩子不懂得为别人考虑,因为对别人的感情不敏感,会很轻易地伤害别人,给别人带来痛苦。这样的孩子长大后容易与别人产生隔阂,很难适应社会。作为父母,要明白共鸣能力与人的生活息息相关,父母真要为孩子考虑,就要尽全力培养孩子的共鸣能力。

孩子在出生 6 个月后,通过与妈妈的眼神交流和肌肤接触,有了共鸣能力的基础。到了 2 岁左右,就开始对妈妈或其他人的痛苦做出反应。在给孩子读童话书的时候,你会发现,孩子会因为主人公的苦难经历而伤感。有时,孩子比大人更敏感,更能看出别人的痛苦。这种能力能发挥到什么程度,全在母亲身上。

如果妈妈变得情绪不安或表现出抑郁症状,那么,孩子十有八九会在情绪上出问题,孩子与情绪不安的妈妈交流会受到不良的影响。共鸣能力也不例外,随着妈妈养育态度的不同,对孩子的共鸣能力有很大影响。

为了培养孩子的共鸣能力,父母应该做点什么呢? 父母应该让孩子忠实于自己的感情。父母还要刺激孩子,让孩子对别人的感情敏感,最好的方法就是让孩子站在别人的立场考虑问题。这样,通过练习使孩子的换位思考成为一种习惯。

如果孩子抓着猫的尾巴折磨猫,父母可以问孩子:"如果你是猫,你会感觉怎样?"让孩子站在猫的立场上考虑问题。如果孩子折磨弟弟就可以问他:"弟弟要是挨打,你会觉得怎么样?"给孩子一定的思考空间。父母要以这种方式,有意识地让孩子站在别人的立场上考虑一下他们的感受,从而培养孩子的共鸣能力。

英国首相玛格丽特·撒切尔被称为是"铁娘子"。她非常强硬地贯彻执行自己的政策,甚至不惜发起牵涉国家命运的战争。她就是这样强硬,具有非凡的领导力。1982 年,她为了福克兰群岛向阿根廷宣战,战争胜利了,但是在这个过程中,452 名英国军人牺牲了。当全国上下为国家的胜利欢呼时,她为哀悼牺牲的军人们流下了眼泪,连假期都取消了,还亲自给他们的家属一一写信,内容是这样的:

"作为引领国家的首相,向失去儿子的母亲、失去丈夫的妻子致敬!"

撒切尔的领导方式不只是强硬和稳健,作为历史上为数不多的女性首相，她懂得掌握别人的心理，对别人的伤心或快乐有一种相同或类似的感情。能够理解别人所处的状况，了解最需要的是什么，这就是有共鸣能力。

3. 提高孩子控制情绪的能力

培养高情商的孩子，提高情绪自控能力是非常重要的一个环节，孩子的情绪自控能力是指孩子控制和调节自己情绪的能力，特别是对不良情绪加以调控的能力，如愤怒、烦恼等。自控能力差的孩子，在成长中很容易受到不良影响与侵害。一旦有害的念头或是想法闪进了这些自控能力差的孩子的头脑里，就有可能诱发孩子们一时冲动，横冲直撞，惹是生非。自控能力既是意志的表现，也是情绪智力的表现。自控能力可以帮助孩子调节或约束行为上的冲动，这样他们就能真正地做自己心里明白的、遵守道德的事情。自控能力会促进孩子养成坚强的品格，不过分沉溺于享乐之中，而时刻表现出应有的责任感，更能让孩子警觉到自己行动中潜在的危险后果。

1960 年著名的心理学家瓦特·米歇尔在斯坦福大学的幼儿园做了一个软糖实验，这个软糖实验是怎样的呢？米歇尔在一个装饰简洁的大厅里面，召集了一群 4 岁的小孩，在每个人面前放了一块软糖，对他们说：小朋友们，老师要出去一会儿，你们面前的软糖不要吃它，如果谁吃了它，就不能给你加一块软糖，如果你控制住自己不吃这个软糖，老师回来会再奖励你一个软糖。老师走了，老师在外面窥视，很多人在外面窥视。面对糖果的诱惑,有些孩子决心熬过"漫长"的等待时间,他们或是闭上双眼,或是把头埋在胳膊里休息,或是喃喃自语,或是哼哼叽叽地唱歌,或是动手做游戏,或是干脆努力睡觉。凭着这些简单实用的技巧,这些小家伙们勇敢地战胜了自我,最终得到了两块糖的回报。而那些性急冲动的孩子几乎在老师走出教室的瞬间,就立刻去抓取并享用那一块糖果了。大约 12~14 年后,当他们进入青春期时,这些孩子在情感和社交方面的差异已经非常明显。那些在 4 岁时就能够为两块糖果等待的孩子,显然具有较强的竞争能力,较高的效率以及较强的自信心,他们能够更好地应付挫折和压力,他们不会自乱阵脚,惶恐不安,不会轻易崩溃,因为他们具有责任心和自信心,办事可靠,所以普遍容易赢得别人的信任。

但是,那些在当年经不住诱惑的孩子,其中约有 1/3 左右的人显然缺乏上述品质,心理问题也相对较多。社交时,他们羞怯退缩,固执己见又优柔寡断;一遇挫折就心烦意乱,把自己想得很差劲或一钱不值;遇到压力往往退缩不前或不知所措。

这个软糖实验证明了控制自己,控制情绪的能力。这项并不神秘的试验对于一个年仅 4 岁的小孩来讲,的确是一次精神考验,是冲动与克制,欲望与自控,即刻满足与更大满足之间反复地激烈较量。

这就是著名的"成长跟踪实验"。这个实验的最终结果表明孩子当初做出怎样的选择不仅从一种角度反映出他的性格特征,而且在一定程度上预示了未来的人生道路。

孩童时代是情感、控制能力培养的最佳时期。美国生理学家康诺对于情绪与躯体功能的影响做了大量研究,证明情绪对幼儿健康的影响十分显著。可以说,情感能够左右个人的思维和行动,甚至直接影响到个人成就。生活中谁不喜欢明媚的笑脸,谁不留恋快乐的情感,喜悦、愉快的情绪能明显促进人的身体健康,而焦虑、恐惧、愤怒、哀伤的情绪则容易致病。正确培养孩子的情感表达和控制能力,使其形成良好的情绪,对孩子的身心健康发展是非常重要的。

在现实生活中,孩子往往欲求过分。刚吃过一块冰激凌还想再吃一块;刚买过一个书包,还想再买一个,并且不管什么需求,一旦产生必须马上满足,看见商店橱窗里有趣的玩具,立即要买,即使爸爸、妈妈答应回家拿钱来买,都会哭闹不已。

孩子产生"欲求过分"的问题,表面上看原因似乎在孩子身上,实际上根子还是在家长身上。是家长常常在有意无意中纵容和培养了孩子的这种心态和习惯。孩子很小的时候,他们完全要靠父母的帮助,饿了,渴了,他们往往急不可待地表达需求,这是可以理解的,比如婴儿用大声啼哭表达吃奶的要求,就很正常,因为此时孩子的表现是真实需要的反应。但是半岁之后,父母就应该可以跟孩子解释:牛奶还在微波炉里,等1分钟就好。不要以为他们听不懂,听多了,他们会理解的。孩子哭,就让他在那里多哭几分钟,不用过于担心。当孩子渐渐长大后,尤其是当他们学会用语言表达自己的要求后,父母就更应该有意识地训练他们具有耐心,懂得等待,利用等待培养抵制诱惑和欲望的能力。

最重要的是,我们应该设法让孩子懂得:**诱惑无处不在,欲望随时会产生,但是,世界不是以他为中心,因此,必须学会等待,学会控制自己的情感和行为。**

适当地拒绝孩子很重要。不论自己的经济条件如何,父母在给孩子零花钱时,一定要有节制,不可随意多给,也不要有求必应,必须让孩子知道,不是想要什么就能得到什么,逐步提高孩子控制情绪的能力;另一方面也要让孩子学会合理开支,花钱要有节制。比如,当孩子想买较为贵重的玩具时,您可以帮助设定储蓄目标,培养他们延迟满足感的自制力。通过家长的指导和监督,孩子就会提高理智消费的能力。

4. 家庭和谐是孩子成长的动力

家庭是培养孩子情商的第一所学校。无数研究表明,父母对孩子的情感生活有着长远而深刻的影响。和谐的亲子关系是家庭中的重要关系,它能使孩子身心和情绪得到健康的成长与发展。如果孩子失去父母的关爱,长期处于孤独、被冷落的状态中,那么在以后的生活中他们会表现出孤僻、胆怯、对抗、攻击等不良的心理表现。因此,父母要学会爱孩子,爱是情感交流的基础。

孩子在小的时候,与父母唇齿相依、血脉相连的感情把他们与父母紧密连接在一起,孩子在家庭中扮演什么样的角色完全取决于父母赋予他们什么角色,家庭保护着他们,给予他们安全感,孩子们也会为了取悦父母而去尽最大努力完成父母交给他们的任务,尽管有时候任务超出了他们的能力。

妈妈:"别烦我了,你以为我上班是去玩吗?"

向孩子说出自己的感受,会减轻自己的负担。家长不必永远对孩子保持耐心,孩子也没有我们想象的那么脆弱,他们有能力接受这样的表达:现在别招惹我,我心情不太好,容易被激怒,但跟你没有关系。

但即使在心情处于最低谷的时刻,也要让孩子确信:你不用担心我,尽管我这一刻很难过,但我很坚强,一定能找到解决办法的。

孩子们无时无刻不在感受着父母的情绪、态度,家长们不可能只给孩子展现一个纯净美好的世界,也不需要让自己表现为一个超人,偶尔承认自己的弱点,心情复杂的时候和孩子诉诉苦,发发牢骚,这对于和孩子的沟通有重要意义。但要有限度,当孩子以为,父母指望着自己来帮助他们减轻心灵负担,自己有责任为父母分忧时,父母的这种期望对孩子来说似乎有些过高了。当孩子错误地以为自己比父母强大时,他们是很不幸的,因为人生早期的这些经验会使他们对未来感到不确定和缺乏安全感,有些人甚至在成年后仍不能改变这些在儿时形成的性格特点。

父母与孩子的沟通,或多或少都会有障碍,情绪化是其中最麻烦的主因,最要紧的是管理好自己的情绪。情绪稳定时,商量事情会容易些,在与孩子沟通前,最好先稳定一下情绪,成年人不应该象孩子般乱发脾气,尽量弄清事实真相,依据事实,采取多描述、少批评的方式,鼓励孩子表达自己的感受,在倾听中了解孩子真实的用意。我们要坚信,如果肯花时间坐下来,和孩子分享彼此的真正感受,我们会和孩子一起想出双方都能接受的解决办法。

5. 注重培养孩子的兴趣爱好

孩子到 5、6 岁时,就开始对身边的事物表现出喜欢或不喜欢的态度,对自己偏爱的事物自然就充满了好奇心,好奇心得到满足,必然带来兴趣并产生情感。所以,激发和培养孩子的兴趣和爱好,对孩子情商的培养具有重要作用。

兴趣可以激发一个人的潜能,也可以帮助孩子开辟一条成功的捷径。培养孩子多方面的兴趣特长,激发他们认识世界、探索世界的兴趣,是如今强调孩子综合素质要求的必不可少的教育途径。然而,目前强大的学习压力使孩子放弃了很多兴趣爱好,在这样的环境下,家长要尽所能为孩子提供一个自由想象的空间,尊重孩子的选择,创造条件挖掘孩子的兴趣特长,鼓励并引导孩子的兴趣爱好。

6. 加强孩子的社会性发展

社会性发展是指人们之间的社会交往,建立人际关系,掌握和遵守行为准则及控制自身行为的心理过程。孩子的社会性发展需要更长的时间,加强孩子的社会性发展是孩子获取幸福和成功的助推器。然而,目前孩子的交际能力欠缺是一个普遍存在的现象。

从 3 岁起,孩子们开始喜欢同身边的小伙伴玩耍了,这是孩子社会性发展的萌芽期,家长要教给孩子基本的社交礼仪,让孩子学会跟不同性格的小伙伴打交道。4 岁的孩子都比较喜欢帮助爸爸妈妈做些家务活,这时家长要有足够的耐心,及时鼓励孩子的每一点进步。5、6 岁的孩子情绪比较稳定了,能够和别的孩子一起做游戏,愿意帮助他人,社会性交往的目的日益明确,并能重视遵守活动规则。这时,家长要有的放矢地帮助孩子处理好交往过程中遇到的各类问题,要从小引导孩子学习社交技能,帮助他们建立健康的交际心理和人脉资源。

▎财智箴言▏

家庭是人生的第一课堂,父母是孩子人生道路上的第一任启蒙老师,对孩子进行理财教育离不开家长的言传身教与和谐融洽的家庭人际关系及氛围。在实施理财教育计划过程中,一方面要提高孩子自身的情绪管理能力,另一方面父母还应与孩子建立起真诚、尊重、平等及相互理解、相互关爱、相互帮助、相互支持的良好关系,创造一个宽松、愉快、民主、和谐的家庭氛围。

二、你会说，孩子才会听

吴扬上五年级了，就读于北京的一所名校。吴扬的爸爸是企业高管，说话很有水平，也颇有哲理，可问题出在回到家里也放不下领导架子，对吴扬也一个样，结果导致吴扬打心眼里和爸爸对立。

有一次，这对父子又因为一点小事吵得天翻地覆。

"干嘛事事和孩子较真呢？你的成就、经验是明摆着的，你越是在孩子面前示弱、谦虚，你在孩子心目中的形象就会越高大，越容易赢得他的尊重。"妈妈在一旁看不过去了，抱怨道。

爸爸也觉着很冤枉："我管理着几百名员工，对自己的孩子却无能为力，太失败了。"

妈妈说："忘掉你的高管身份吧，吴扬只是个孩子而已。"

"刚给他讲数学题，明明听懂了，还要'鸡蛋里挑骨头'，想方设法地驳倒我，真够烦的。"

妈妈笑了："孩子敢跟你叫板，说明他内心潜藏着力量和渴望。你有很强的管理能力，对孩子本来是一笔财富，可现在你们彼此对立，孩子不但没有从你这里得到启发和力量，还因此受到伤害。"

听吴扬妈妈这么一说，爸爸有点儿受触动了："一直以为孩子缺乏调教，就不断地提醒他，现在看来，也许还真是我促成了他的逆反，专门跟我对着干了。"

在我们的身边,总会听到父母抱怨现在的孩子不听话,即便是喊破了嗓子、说破了天,孩子还是不理解父母的那份心。其实,当我们不停地在孩子身上找原因的时候,是不是也该换一种思维方式,想一想我们自己的身上是不是也存在一些问题呢?

　　我们和孩子是两个独立的个体,有着不同的感知系统,都有各自真实的感受,没有对错之分。而大部分孩子不听父母家长的话,是因为大人一味将自己的感受强加于孩子身上。我们周边的家长们不乏政府高官,业务骨干,他们的优秀,已经给孩子带来无形的压力,再把单位里唯我独尊,发号施令的劲头带回家,对孩子就是一种灾难。如果降低自己的姿态,让孩子多说,自己多听,有时在孩子面前装傻,以培养他的自信心和挑战精神,亲子关系就会明显改善,自然有助于孩子的成长。

　　"妈妈,我要去同学家玩。"

　　"不行,你作业还没做完。"

　　这样的情景对话经常发生在我们的家中。在孩子提要求、提想法的时候,家长可能早已给孩子安排好了"生活日程"。因此,在孩子不听家长安排时,实际上是两者之间在需求上存在矛盾。当孩子遇到问题的时候,父母自然会摆出"家长"的姿态:一切得听我的安排,忽视孩子内在感受。于是,太多的"不"字从家长嘴里说出来,这样一来,沟通的效果自然不佳。那么,家长如何既坚持自己的原则,又不带来"冲突"呢？

合作首先要从尊重孩子开始,学会尊重他的想法。如果能以接纳的语气来沟通,少用"不"字,而是多提供一些信息,必有意想不到的效果。比如孩子要去同学家里玩,妈妈可以说:"再过5分钟就要吃晚饭了。"或者尽可能用"可以"来代替"不";再比如孩子要去玩滑梯,妈妈说,"可以,当然可以,吃了午饭再去。"这样就明显减少了矛盾和冲突,在心理上,孩子更容易接受。

当然,与孩子沟通需要父母有足够的耐心,当家长忍不住发了脾气,也要告诉孩子自己的感受,比如说:"你这样胡闹,妈妈心里很难过。"家长也要学会处理自己的负面情绪,孩子自然而然地会学习你处理情绪的方法。

"你今天在学校都做了什么?"

"老师今天表扬你了吗?"孩子一到家,家长就提一连串的问题问孩子。

要不就是在写作业的时候,爸爸妈妈开始唠叨:"你坐直了写作业啊!"

"你看你,又在东张西望,磨磨蹭蹭。"

孩子的一举一动全在家长的眼皮底下,在家长的"监控"之中,面对这样啰嗦又"包打听"的家长,孩子自然反感。

父母每天和孩子在一起,可惜我们的父母很多时候不会和孩子说话,有时话说得过分了,就很容易变成吵架,吵架要是还不够火候,就干脆动用武力等粗暴方式来实现与孩子的沟通与交流。很多父母都是用这种高压的方式使孩子达到短期的服从。就连眼神这种会意的交流,在孩子面前也变成了瞪眼。于是我们经常听到孩子说,"我妈妈只要和我说话就瞪眼,好像不瞪眼她就无法和我说话似的。"当我们读到这里,是否也该有所反思,这样的父母是怎么了?为什么不会和孩子好好说话呢?

也有人提出,有了不会说话的父母,才有了不听话的孩子,细细想来的确很有道理。可遗憾的是,很多家长对这个逻辑关系并不理解。

面对离自己越来越远的孩子,父母感到他们真是一群叛逆的家伙,可是在叛逆的背后,父母却看不到自己一直坚持的傲慢与偏见,在与孩子交流中缺乏足够的尊重与技巧。

实际上,家长完全可以当孩子是独立的个体,鼓励其自立。当孩子对家长的依赖感降到最少时,才能使其成为具有责任感的人。

更多的时候,要给孩子一个选择的机会,尊重其付出的努力,鼓励孩子善用外部资源,比如从同学、老师、朋友那里得到帮助,只有让孩子自己做自己的事情,亲身经历各种问题带来的滋味,孩子才能逐步成长。

|财智箴言|

我们说话的目的就是为了沟通和交流。话说得好了,沟通和交流就会很顺利,而且能够化解矛盾,消除误会,父母和孩子就能和睦相处;话说得不好,就无法沟通与交流,即便是你抱着真理,孩子照样不会听你的。古语说得好:晓之以理,动之以情。如果父母说的话毫无道理,孩子不喜欢听;如果父母说的话态度不正确,孩子也不喜欢听;如果父母说的话不分场合,孩子更不喜欢听。所以那些整天感觉自己苦口婆心却又换不来好的父母们要知道,想让孩子听话,父母说话就要讲求技巧,只要掌握了说话技巧,沟通自然就好了,孩子也就会听话了。

三、辨识情绪,坦然面对人生

现实中,许多家庭都面临这样的问题,随着孩子日益成长,父母与孩子之间往往因为认识及价值观上的差异,使得彼此之间的距离越来越远,甚至产生重大冲突。在理财教育中,由于消费观念的不同,矛盾尤为突出,导致父母因孩子不断索取而失望、懊恼,孩子则因需求不能满足而伤心、落漠,造成两败俱伤的局面。亲子关系问题是如今父母与孩子难解的情怀,要改善亲子关系,提高孩子情商,家长就应转变教育理念,从改变教育方法入手。

1. 帮助孩子分辨情绪

虽然人类有数百种不同的情绪,变化多端,但基本上可分为四大类型:喜乐、愤怒、哀伤和恐惧。家长可以利用一些情绪图片或有明显面部表情的相片,与孩子进行讨论和分享,增加孩子对这些情绪字汇的认识,借此提高孩子表达情绪感受的能力。

赵宇4岁了,跟妈妈逛商场时,路经小朋友活动区域,想玩活动区里的积木,但由于插卡袋里已插满卡,不能再进去玩了,忍不住放声大哭起来。

妈妈:"宇宇你现在很难受吗?"

他点点头,哭声小了些。

妈妈:"你很想去玩建筑区里的积木是不是?"

宇宇:"是的,我一直想去玩那里的积木。"

妈妈:"你早就想好要玩建筑区里的积木,可是已经有别的小朋友比你先插了卡,袋子已经满了,那你就只能下一次再来玩了。"

宇宇:"是的……只有明天再来玩了,明天我要比他们早来。"

宇宇很认真的说出了这句话。在妈妈的引导下,他认识了自身情绪的来源,慢慢平复了激动的情绪,又高高兴兴地去参加活动区域中别的游戏了。

接纳孩子的情绪是启蒙教育的第一步,但许多家长却一直停留在被动的接受中,和孩子一起伤心,一起紧张,不能及时给予孩子恰当的协助,孩子也就无法从家长身上获得正面的讯息,又怎能提高解决问题的能力呢?家长们首先要做的,应是帮助幼儿去认识那些没有显露出来的正在感受的情绪,以此来提高幼儿认识自身情绪的能力。

孩子的情绪也有其阶段性,并随着年纪发展出更细微的感受,但这并不是说孩子能知晓每种情绪不同的涵义。如果没有父母的引导,大多数的孩子是不能清楚地分辨自己现在的情绪代表了什么？加上孩子表达能力尚未完善,无法清楚陈述自己的需要,父母有时难免会觉得抓不住孩子的想法。从孩子显现在外的动作,父母可以尝试将孩子的身心状况与适合的形容词连结起来,帮助他分辨每一种情绪的差异,并鼓励孩子表达情绪,告诉他们情绪没有好坏之分,那是一种身体的本能,如果感觉害怕,不舒服,并非是自己犯错,而是可以表现出来,找到办法来解决的。当他知道什么样的反应代表"生气",什么样的反应代表"快乐"之后,下次他有相同的感受时,才能依循着用口语方式表达出来,让他人了解他的需求,而不是在"有口难言"的情境中打转,最后通通以哭闹作结。

所以,想提高孩子的情商,父母就应先引导孩子辨识情绪,帮助他了解自己及别人的反应,接着鼓励他表达自身的感受。久而久之,孩子自然能从父母的处理中,领悟到正确的处理情绪方式,孩子面对情绪的态度,也会更为坦然,思考也会更灵活了。成长中的每一次经验都会让孩子们学到一些东西,也会帮助他们更有效地创造一个成功的未来。

2. 学会聆听并接纳孩子的情绪

父母可以通过聆听并反映孩子感受的方法来肯定孩子的情绪,但谨记不要过急作出任何判断。

天怡下学回家,进门的第一句话就是:"今天老师又留了很多作业,我快要累死了。"显然天怡是想发泄一下作业多的情绪。爸爸非常理解天怡此时此刻的心理状态,回应了一句:"噢!",天怡得到了一些安慰,并想每次心情不好时跟爸爸说话,都会平静下来,其实仅仅因为爸爸用了一个字"噢"接纳了天怡的情绪,天怡开始准备做作业了,妈妈突然对天怡的话给予回应:"老师还不都为了你们好,小小的年纪动不动就说累死累活的,我还没听说有人写作业给累死的呢!"天怡刚稳定下情绪准备做作业,这下可好,坐在那生闷气了,心理琢磨:"怎么每次听了妈妈的话都感觉心烦,她从来就不理解我,再也不想多跟她说话了。"显然,天怡生气是因为妈妈没有接纳他作业过多的情绪。

我们是孩子时,都有过这样的经历:当我们鼓足勇气告诉父母自己有什么麻烦时,话还没说完,他们就开始指点我们应该怎样做,要不就是批评我们没有做该做的事,或者敷衍说"一切都会好的",好像他们根本就没听我们在说什么。还记得那时的感受吗?我们的孩子可能也有相同的感受。从这个例子可以看出来,如果妈妈也接纳了天怡的情绪,可能问题就没有了,天怡心里会变得很平和,自然会开始做作业,孩子自己就把问题解决了。

作为家长,一定要留意孩子非语言的情绪表达。孩子由于语言表达能力有限,故此不容易将内心复杂的感受用说话表达。家长可以观察孩子的表情,如眼神、语气、神态、动作或身体姿态,用引导的方式,帮助孩子表达其内心感受。

在理财教育中也会有类似情况发生。比如孩子有时会因为想买某个东西却没能如愿而情绪低落,那么家长就可先和孩子谈谈自己遇到类似事件时不开心的经验,让孩子觉得有同感,哦,原来妈妈也有想要的东西得不到的时候啊,那么孩子就容易说出感受,缓解情绪上的困扰。就是说,接纳了孩子的情绪后,孩子就会信任你,喜欢你,并向你敞开心扉,只有这样你才能有效地和他做进一步沟通,也才有利于解决理财教育中存在的其它各类问题。

3. 与孩子产生共情

妈妈带着3岁的女儿娜娜和女儿的表姐去世界公园参观,孩子们第一次去,许多在画册上才有的美丽景象让孩子们兴奋不已,经过旅游纪念品售货亭时,3岁的女儿看上了足有一米高的毛绒蜜蜂,价格比外面市场贵了很多。

妈妈开始向孩子解释,在旅游景点买玩具太不划算等等很多理由,可孩子抱住玩具就是不撒手,并开始大声哭叫。

周边的游人不停向这边看来,妈妈觉得很尴尬。这时她想起了一个办法,拿出笔和纸边问边写:"娜娜想要什么?"

孩子平静了些,回答:"我想要大蜜蜂"。

妈妈在纸上工工整整写到:娜娜想要大蜜蜂。妈妈接着问:"还有吗?""还有粉色的蝴蝶风车。"

奇迹发生了,娜娜拽着姐姐的手说,姐姐想要什么,快跟妈妈说,她会给你写下来。

事情就这样解决了,接下来的行程非常愉快。

这种方法,是用幻想的方式满足孩子们在现实中不能实现的愿望,家长们可以轻松地说出:"你很希望可以……",而不必费力去争辩谁对谁错。

家长们可以借鉴这样的方法,在超市、玩具店里都可以准备好笔和纸,写下孩子的愿望清单,孩子觉得家长郑重其事地记下他所想要的东西,是了解他想要什么,重视他。

我们大部分人在自己的成长过程中,都有被否定的经历。为了说出这种接纳他人的"新语言",我们需要不断学习。

如果我们也能倾听,与孩子产生共情,这将有助于他们自己解决问题。家长们需要全神贯注地倾听,用简单的话语回应孩子的感受,说出他们的感受,用幻想的方式实现他们的愿望。当然我们的态度比语言技巧更关键,如果我们没有真正和孩子产生共情,无论我们说什么,在孩子眼里都是虚伪的,都是象对他们的操纵,只有我们真正与孩子有共情,才会打动孩子的内心。

理财教育属于养成教育,其随机性也较强,孩子随时都可能与你交流他遇到的问题。我们都遇到过类似的事情,当我们正要离开孩子的卧室,为他关上门时,他突然说:"妈妈,我同学都在收集干脆面里的'闪卡'呢,我也想买很多干脆面。"或者是在学校门口,当他跳下自行车准备进去时,小声嘀咕"为什么同学们都能坐汽车来啊?"作为家长,不要急于批评他们或提出建议,有些情况下,你的孩子所需的仅仅是理解和支持。您可用心聆听并引导孩子说出内心感受,接受孩子的情绪,用言语表示了解孩子的看法和感受,如果您的应变方法适当,一方面会提高孩子的情绪管理能力,另一方面也会帮助孩子养成良好的消费习惯,并树立正确的价值观,这将有助于对孩子情商、财商的全面培养。

财智箴言

❋ 帮助孩子辨识自己的情绪。情商高手的基本功,就是察觉自己的情绪状态,能很快了解自己的当下情绪。因此父母在这种情况下,应先帮助孩子辨识出现的情绪状态:"所以你不开心了?","所以你感到委屈了?"。

❋ 帮助孩子发展管理负面情绪的技巧。父母可以鼓励孩子培养健康的兴趣和嗜好,来帮助他们排解压力。心理学上的研究显示,做运动是极佳的疏压方法之一,持续做有氧运动 20 分钟以上,能从生理上起到舒缓压力的作用。

❋ 帮助孩子树立自信。自信是情商能力的基石。自信的孩子,在面对别人的恶意攻击时能沉稳以对,有良好的抗挫及抗压能力,在人际关系上得心应手。

❋ 给孩子提供处理情绪的不同方法。若孩子受情绪困扰,可鼓励他们选择自己喜欢的处理方式,如绘画、听音乐、跑步、深呼吸、找人倾诉等方法去舒缓情绪。孩子也可以有创意地用不同方法去表达情绪,只要对自己或别人不造成伤害。孩子对未来有乐观的态度,父母就大可放心了:这辈子,孩子不会离幸福太远。

四、穷养男，富养女

金宁是一个幸福的妈妈，有一双儿女，说起女孩与男孩的差异，金宁感想颇多。在她当妈妈之前，曾坚定地认为，小男孩和小女孩之间区别是不大的。但当她有了一个女儿之后，对自己的观点产生了怀疑。因为女儿还不到2岁，就开始抱怨她的小袜子上没有花。在金宁意识里，从来就没有告诉过女儿带花的袜子更漂亮，但不知为什么她就是喜欢带花的袜子。

几年后，金宁又有了一个男孩，以前的那种观点彻底被自己推翻了。一开始，她坚信她的教育可以令儿子与众不同，他不会像其他的小男孩那样调皮，富有冒险性。于是，她不给他买玩具手枪，不让他看带有暴力镜头的电视节目，不给他买任何与打架有关的玩具。然而，儿子还是喜欢玩一些打斗的游戏，他甚至把香蕉当做手枪来瞄准她，把她的吹风机当做冲锋枪来玩……

事实正如金宁所说的那样，从妈妈受孕之日起，决定性别的那条染色体就已经决定了孩子未来的宏伟蓝图。具体来说，是染色体里所包含的荷尔蒙不同，造就了女孩与男孩的差异。这也正如那句古老的童谣所说的："女孩是用糖、香料和一切美好的东西做成的；男孩是用剪刀、青蛙和小狗尾巴做成的。"男孩在成长过程中相对顽皮、淘气,而女孩则相对娴静、敏感和脆弱,因此教育方式也应有所区别。要鼓励男孩将淘气转换为聪明和干劲,同时严加管教,打消其顽皮使坏的念头;要丰富和强大女孩的内心世界,从而降低她的敏感脆弱和多疑,让她无惧于物质的诱惑。如此,就有了"穷养"和"富养"之分。

在同等经济条件下,女孩子尽管家境不一定要多优越,但得让她能够拥有自己想要拥有的东西,一个小孩子能有多大的要求呢?不必为了想要的东西算尽心机甚至出卖自己,长大了之后做自己喜欢做的事,如果一个女孩子从小过得不是太好,周围又有太多对比来刺激她,那么长大以后,比男人更容易不计后果地执着追求于物质满足,更容易在引诱和虚荣中迷失了自己,最后的结局往往是一出悲剧,生活中这样的例子太多了。

杨澜回忆,3、4岁的时候寄居在上海外婆家,年轻的舅舅常在领了工资的周末,带她去最高级的红房子餐厅吃西餐,去淮海路照相,去看最新潮的立体电影。长辈责怪他为个小孩子乱花钱,他说,女孩子就要见世面,不然将来一块蛋糕就把她哄走了。

如果家境好,不妨让女儿多见识繁华世界,眼界的开阔让女孩更聪明,注意和培养虚荣心区别开来。如果没条件,那么让她多看书,一本好书花不了多少钱,却能让女儿发现外面的世界多精彩。

女孩富养,其主要意义是从小要培养她的气质,开阔她的视野,增加她的阅世能力,增强她的见识。"富养"的女孩,因见多识广,独立,有主见,有智慧,很清楚自己要的是什么,什么是真正值得追求的东西,等她到花一样的年龄时,就不易被各种浮世的繁华和虚荣所诱惑。

　　所以养育女孩,从小要尽力给她创造一个相对优越的物质生活条件,富养不是娇生惯养,而是在物质上开阔她的视野,见多识广长大以后也就见怪不怪了。培养她将来成为一个大气,有修养,抵制诱惑能力强的女孩。特别是现在这个充满物欲的社会,一个有一定独立精神,落落大方,有修养不随波逐流的女孩更容易圆满的度过自己的人生。

　　香港船王董浩云开创了中国、亚洲及至世界航运史的多项第一,因而享有"现代郑和"的美誉。他对子女要求严格,从不溺爱。作为长子的董建华遵循了父亲的教诲:自律、自好、自强,起居饮食没有一样因为自己是船王的儿子而与众不同,读书时过着十分简朴的生活,每天骑着自行车往返于校园和住所之间,潜心于学业。

　　董建华大学毕业后,董浩云让董建华到美国去打工——到通用汽车公司最基层去当一名普通职员。他对儿子说:"小华,我并不怀疑你是一个有理想的人,但我担心你的刻苦精神不够。你不要想到自己有依靠,你必须自己主动去找苦吃,磨练自己的意志,接受生活的挑战,所以你必须全面锻炼自己。你要从最底层做起,只有先当一名普通的职员,以后才可能明白应该怎样对待你下面的职员,也才可能充分学习到别人的经验,为将来开创新的事业打下良好的基础。"董建华听从父亲的安排,在美国勤勤恳恳干了4年。

如此富门寒教,令人称道。"磨难教育"锻炼了董建华坚强的意志,使他最终成为一名出类拔萃的人。

男孩子不适宜在溺爱中成长,过于无忧的生活会使他们无力扛起肩上的责任,依赖他人的习惯会使他们失去振臂一搏的斗志。"穷养"则恰恰能够培养男孩的独立精神和自强意识。用"穷养"的方法可以使男孩长大后具备雄性本色,成为大器。

现在的男孩子身上太缺乏阳刚之气,显得唯唯诺诺,胆小怕事。过去,因为靠男孩子"传宗接代",人们常常把男孩子看作是家庭的根本和支柱,对他们寄予着深切的希望。而今每个家庭只有一个孩子,很难让孩子吃太多的苦头,如何把孩子培养成男子汉无疑是很多家长面临的挑战。

男孩成为男子汉,实际上就是逐渐获得社会化性别角色的过程。孩子从出生直至死亡的生命全程,都是不断学习和完善自己性别角色的过程。因此可以说,培养孩子成为男子汉的过程,就是在不断向他传授男孩子的性别角色标准的过程,告诉他,这个社会公认的适合于男性的行为方式、性格特征、思维方式和价值观等。孩子会渐渐认同并内化这些性别标准,长大了就能顺利地适应社会的要求,追求和享受幸福成功的人生。

古人说过，天将降大任于斯人，必先劳其筋骨，饿其体肤，苦其心志，如此才能修身齐家治国平天下。从小就应培养男孩艰苦朴素、吃苦耐劳的作风，仁义孝道的思想，让孩子少花些钱，多动动手，实际上是在为他们今后的生活构筑坚韧的堡垒，否则容易成为又一个纨绔子弟。而今令人羡慕的创业者、企业家，大多曾有过外人看来不怎么幸福的童年生活。正源于此，才使得他们不畏残酷的社会竞争，能够傲然挺立，打造出一方属于自己的天空。

如今，生活条件大大丰盛，"穷养"和"富养"早已应该超出物质的范畴，而更多的是品德和精神的修养。说到底，是针对男女性格的不同，在培养过程中，加以完善和改进，而且也不是绝对。比如在穷养中，磨练男孩的品性，但女孩的一些品质培养也需要穷养；在富养中，丰富女孩的内心和情感，但男孩的内心也不能"空空如也"，他们同样需要精神食粮。

▍财智箴言▍

日本教育家井深大说："教育孩子并非消遣或者享受闲暇，也不是只要花钱、花时间就能轻而易举办到的事。"不管穷着养还是富着养，只要投入爱心，并找出行之有效的方法，也许并不需要太多的金钱。因此，无论穷养还是富养，更强调的是父母的一种态度，一种理念。穷养不能抹掉了孩子的自信，养窄了孩子的胸怀；富养也不能无限扩大孩子的欲望，让她忘记了量入为出的基本。

五、给孩子关心你的机会

1. 妇唱夫随

卓寒熙女士是妇联的一名工作人员，从事家庭教育工作，谈起对女儿的教育颇有一番心得。

卓寒熙说她和先生之间有个默认的规矩，就是绝不当着孩子的面吵架，避免夫妻争吵时，不小心说些过激的语言，损害任何一方在孩子心目中的地位。并且夫妻二人都会在孩子面前为对方树立良好形象。

比如先生常常有意识地跟孩子说："妈妈工作最辛苦，你不要惹妈妈生气了。"今年给女儿过4周岁生日，买蛋糕的时候，先生对女儿说："四年前的今天，妈妈最辛苦了，是妈妈把你生下来的。你要好好谢谢妈妈。"结果，吃蛋糕的时候，女儿主动把蛋糕上最大的一朵花送给了妈妈。当然，平日里卓寒熙也会经常和孩子说同样的话。

父母之间的相互尊敬，也会引导孩子对家人的重视，而不再是以他自己为中心。父母之间的配合相当重要，像这种相互树立形象的方法很不错。母亲就是维护父子关系的一种润滑剂，反之亦然。让孩子偏爱某一方，都是很不明智的选择。

爱心是一种后天强化的行为，只要父母提供榜样，孩子就会模仿。父母在有意识地对孩子进行爱心教育的同时，更要以身作则，通过自己的言行来对孩子起示范作用，在家庭

185

中营造爱的氛围,感染孩子的心灵。

　　一般来说,家里有什么好东西,肯定是留着给孩子。女儿吃东西的时候,卓寒熙会逗她:"把这个给我吃一口",其实真正等孩子递给她的时候,她还是塞回孩子的嘴里去。但先生却真的会吃一口,甚至一口全吃掉。他的理论是:"不要让孩子觉得她是这个家里的中心,所有好的东西都是她的。应该让她从小懂得尊敬父母!"刚开始卓寒熙觉得,这样做对于这么小的孩子来说,是不是有点过了。她至今仍清晰地记得,先生第一次咬掉女儿手里的食物时,女儿脸上那吃惊、无奈和委屈的表情。

　　但后来的事实证明,这样的做法并没有毁掉女儿心目中的父亲形象。现在家里有什么好东西都是要分成三份的,一家三口大家共享。有一回邻居送了一碗新鲜草莓,恰好先生出差了,卓寒熙让女儿不用分了,但是女儿还是很倔强地给她爸留了一些。

　　现在的孩子独生子女居多,父母又总是以孩子为中心,所以不少孩子理所当然认为好东西该他一个人独享。父母应该平等对待孩子,要让他知道自己是家里的一分子,大家分工不同,父母照顾他是因为爱他,父母也应该有享受的权利。要教育孩子懂得,他只是家庭中普通平等的一员,谁也不能给他特殊的权利,让他高高在上。

　　有一次,卓寒熙感冒发烧,晚上,等先生接了女儿回到家已经快6点半了,又赶紧去厨房张罗晚饭,根本顾不上女儿,本来女儿一回家就要打开电视看最喜欢的动画片的,可那天晚上,客厅里却静静的。卓寒熙放心不下,就下床去看看女儿,发现女儿居然一个人在安静地玩玩具,看到妈妈后,一定要把妈妈拉回床上躺下,还把小手按在她的额头上,安慰她:"妈妈,睡吧,明天会好起来的。"一连说了好几遍。后来,先生告诉她:那天女儿特别乖,自己吃饭,收拾玩具,还自己洗脸,而这些本来都是要爸爸妈妈再三催促后,女儿才肯做的。

孩子是非常敏感细腻的,很多时候,父母都显得"太强"了,有什么困难宁可自己扛,真正爱孩子的父母,要在孩子面前表现得弱一点儿,给孩子一点儿爱他人的机会,其实只要给孩子一次机会,让他知道爸爸妈妈并不是万能的,也有需要他照顾和关怀的时候,孩子会用他自己的方式来表达对家人的关爱的。

对成人来说,接受孩子的爱是幸福、快乐的。然而,我们许多的父母,却把孩子爱的机会垄断了,把爱的权利剥夺了。

不少家长习惯于众星捧月般把孩子当成家庭的轴心,尽其所能地满足孩子的一切要求,自己累得要命也舍不得让孩子动动手指头,总想着孩子太小,这也不行,那也不会。所有的大人都比孩子"强大"、比孩子有"实力",孩子没有爱大人的机会,反而被大人爱得"死去活来"。结果,百般宠爱培养出来的孩子往往凡事以自己为中心,不懂得体谅父母、关爱别人。在母亲和家人的溺爱中长大的独生子女,从未有过回报的意识。他们认为,别人为他所做的一切都是应该的,不需要感谢,更不需要回报,一家人围着孩子转就好比地球围着太阳转一样,是自然规律。

2. 告诉孩子你的辛苦

要让孩子了解父母为自己和家庭所付出的辛苦。现在不少孩子不知道父母工作情况,不知道父母的钱是怎样得来的,只知道向父母要钱买这买那,认为父母给自己吃好、穿好、用好是天经地义的。为此,父母应当有意识经常地把自己在外工作和收入的情况告诉孩子,说得越具体越好,从而使孩子明白父母的钱来之不易。自然,孩子会逐渐珍惜自己的生活,也会从心底里产生对父母的感激和敬重。

许多家长抱怨孩子乱花钱,高消费,全然不顾父母工作的辛苦,挣钱的不易,可您引导过孩子"心疼"你吗?现在的独生子女都体会着"人人爱我"的滋味,却极少得到"我爱他人"的教导,如果我们作父母的没有教育孩子应当承担什么义务,没有教育孩子要关心别人,试想,这样能使孩子懂得"爱"吗?

很奇怪,经历多元文化的冲击,在当下很多时尚青年热衷于过"洋节"的时候,为什么很少有人象追逐情人节、圣诞节那样重视感恩节呢?当然,即使模仿西方人过感恩节吃火鸡和南瓜馅饼的情景,也不过是学了点皮毛,真正从心底里学会感恩,才是问题的实质所在。

孩子不懂回报父母,变得特别地以自我为中心,长大之后,常常与社会的道德、法律规范发生冲突,少数的甚至毁掉了自己的前程。问题的核心是家长过度溺爱,剥夺了孩子锻炼的机会,对于孩子的情感教育,只是成人的一味付出。作为成人,过多地注重了满足于孩子的生理需求,而没有满足于孩子的心理需求,因此家长更应该静心去观察,学会给孩子理智的爱。

3. 从小事入手

要从小事入手训练培养孩子孝敬父母的行为习惯。教育子女孝敬父母的一般要求是:听从父母教导,关心父母健康,分担父母忧愁,参与家务劳动,不给父母添乱。要把这些要求变为孩子的实际行动,就应当从日常生活小事抓起。如要求孩子每天要问候下班回家的父母亲,倒杯茶,捶捶背等;当父母劳累时,孩子应主动帮助或请父母休息一下;经常让孩子打电话问候爷爷奶奶,过年过节让孩子恭恭敬敬地向长辈说几句祝福话等。

我们常说"教育无小事"。教育孩子学会回报,要从细致入微的小事抓起,从言语到行为都要逐渐渗透,形成观念。从孩子呀呀学语起,就应该有教育孩子学会回报的意识。家长要教育孩子关心别人,关心父母,让孩子站在别人的角度换位思考体会别人的感受。教孩子帮大人做事,替大人分担家务,经常和孩子交谈,让孩子知道父母辛苦、对自己的付出和疼爱,也要让孩子知道关心父母是应该做到的重要的一件事。如果孩子有关心父母的言行,一定要不失时机地表扬以强化这种行为的延续性。另外可以不时地创造孩子关心长辈的机会,有意识地训练孩子。

家庭中的爱心和亲情要靠父母精心营造。父母及家庭成员之间的语言要充满爱心,经常把"谢谢你为我做的事","我真为你高兴","你辛苦了,歇一会儿吧","不要着急,我来帮助你"等礼貌语言挂在嘴边。情感的沟通和交流是孩子爱心得以生根发芽的催化剂。

不要让孩子在家中当特殊人物,养成衣来伸手,饭来张口的坏习惯。父母要让孩子知道,每个家庭成员都要分担家中的事物,不劳动者不得食。要循序渐进地教孩子做些力所能及的事,比如擦桌子、摆放碗筷、摘菜叶、洗手绢等。在孩子稍大些时,还可以让他分担相对重要的家务,既让他获得成功感,又使他从小养成勤劳的好习惯,并从中体会到父母为家庭付出的辛劳和养育之情,体会到爱是需要付出的。

妈妈的幸福不只体现在年富力强之时,也许在你步入老年行列之后体现得更明显。那时,你可能行动不便,但孩子的爱像幸福的花朵,围绕着你,陪伴着你!

财智箴言

爱心教育是理财教育的重要组成部分,它意味着要用心去感受到别人的哪怕最细微的精神需要,而这种要用心去感受的能力,是不能言传的,爱的教育需要"渗透"到心灵,需要潜移默化。应该让孩子参与到家庭生活当中,让孩子去爱父母、爱他人,同时也要安心接受孩子的爱,只有通过您的行动去教育孩子,才能培养出一个会为他人着想、有爱心的好孩子。

六、有爱心的孩子大家都喜欢

爱心是人非常重要的素质,它是人性的基础。爱心能使孩子从幼稚走向成熟,从渺小走向博大。教子做人,首先是培育孩子有一颗仁爱之心,这是形成优良性格的重要一部分。俗话说:"种瓜得瓜,种豆得豆。"孩子爱心的培养,需要妈妈的爱心浇灌。世界五彩缤纷,人间丰富多彩,都需要有爱心的人去发现,去欣赏,去领悟。

妈妈的言传身教很重要。上公共汽车时,嘉瑄经常看到妈妈主动把等车的老人搀扶到车上,平时在家妈妈很尊重爷爷奶奶,邻居家有事,她也热情地过去帮忙。尽管妈妈干得都是些平平常常的事,但在这种环境中长大的嘉瑄,很自然地从妈妈身上学会了尊敬、爱和帮助别人。

妈妈是爱心传递的使者,尊老爱幼,用心去影响孩子,包括尊敬乡邻,爱护一草一木,珍惜时光等,潜移默化中使孩子拥有爱的感知。同时,耐心地给孩子讲解什么是爱,妈妈为什么这样做,结合生活中孩子破坏玩具、撕毁图书等坏行为进行教育,使爱具体化。孩子会从熟悉的人的言行中汲取知识。

但如今,只知索取,不知付出,只知爱己,不知爱人,成了独生子女的通病。现在的孩子普遍缺乏言语交流的伙伴,这是导致他们不懂得爱人,不会表达爱的一个重要原因。因此,成人不仅要鼓励孩子与同伴交往,还要尽可能多地为孩子创造与人交往的机会和条件。把孩子带出去,让孩子在社区里活动,自由地与同龄小朋友交往,一起玩耍。父母要注意观察孩子在没有"特权"和"优惠"的情境下,能否识别他人的好意,回应别人的好意,孩子又如何向他人表达自己的喜好。在交往中引导孩子学会宽容别人,学会在与同伴交往时,应该如何照顾他人的利益和需要,意识到任意发泄自己的情绪会不受同伴和成人的欢迎。

嘉瑄妈妈还经常选择一些节假日,带嘉瑄到孤儿院,分送礼物给院内的小朋友,并和他们一起玩游戏。还常常鼓励嘉瑄把家中旧的图书、不玩的玩具、不能穿的衣服捐给慈善机构,培养嘉瑄的爱心。象2008年汶川大地震发生后,嘉瑄妈妈就引导嘉瑄:"那里的小朋友没屋子住,没饭吃,没衣穿,我们能做些什么呢? 我们可不可以去捐点钱或者衣服、食品呢?"

爱是人类最美丽的语言,通过爱心教育,孩子得到了爱的满足和学会从爱别人中得到快乐。家长要为孩子营造出良好的爱的氛围,让孩子的爱心在这个充满爱的世界中健康快乐地成长。

| 财智箴言 |

现在不少孩子之所以缺乏爱心,是因为他们从小生活在富裕的环境中,根本体会不到他人的贫困、不幸。在这种情况下,家长应学会抓住契机,因势利导,从一点一滴做起,耐心地、不失时机地教育孩子从小要有爱心。在发生自然灾害时,引导孩子了解一些发生在灾区感人的事情,感受人们在灾难来临时的众志成城,懂得人与人之间要互相关心,互相帮助,学会和大家一起分担困难,分享快乐。

七、延迟消费提高自控力

妈妈为了让雨馨顺利适应幼儿园生活,在雨馨2岁多时,就开始为她上幼儿园做准备,有意识地培养她养成良好的生活习惯,如准时睡觉,起床,穿衣脱衣,不偏食、挑食等。雨馨入园后,很快就适应了那里的生活,妈妈自然尝到了甜头。孩子养成了好的生活习惯,带起来很是省心啊。当然,有时候雨馨看到了好看的动画片,偶尔也会耍赖不肯去睡,妈妈也不会硬拖她去睡,免得引起她的对立情绪,妈妈会提醒雨馨:"明天迟到了,可就得不上小红花了。"雨馨为了得到小红花,自然也就依了妈妈。妈妈发现只要坚持这么做,不迁就孩子,又不放弃耐心地说道理,久之就会使孩子渐渐学会评价和判别自己行为的适宜度,增强自我控制力。

现在生活条件提高了,家长总是能满足孩子提出的要求,但是家长对于孩子这种有求必应的行为却剥夺了孩子"自我控制能力"的锻炼机会。自我控制力是儿童意志发展的基础,坚强的意志是人才的必备条件。自我控制力特别差的儿童则过于任性、冲动,会影响人际关系和智能发展,造成性格偏异。

延迟满足属于人格中自我控制的一个部分,是个体有效地自我调节和成功适应社会行为发展的重要特征,是指一种为了更有价值的长远结果而主动放弃即时满足的抉择取向,是心理成熟的表现。

那些能够延迟满足的孩子自我控制能力更强,他们能够在没有外界监督的情况下适当地控制、调节自己的行为,抑制冲动,抵制诱惑,坚持不懈地保证目标的实现。

雨馨跟很多孩子一样,爱吃零食,妈妈不会一概接受或拒绝雨馨,她常常采用"延迟满足"的方法。在保证雨馨三餐吃饱的前提下,让雨馨完成一个"任务"后,再吃零食。"任务"可以是等待,也可以是学一个小本领,或者是听妈妈讲一个故事,只要是能够转移雨馨注意力的"延迟"方式,妈妈都会试用。

和雨馨做游戏的时候,妈妈也会注意不让雨馨每次都是赢,让她先输再赢来获得延迟满足。这样,雨馨在和别的小朋友玩的时候或正式比赛时,就不会经受不起挫折或因失败而失去信心了。

在雨馨学习新本领时,常常会碰到不会做或一下子学不会的情况,这个时候,妈妈不会立即帮助雨馨,而是在一旁仔细观察,看看她的问题到底出在哪里了,等了解雨馨的情况后,才慢慢地给予指导,一般不会直接把解决方法告诉雨馨。其实在这个过程中,雨馨的需要就已经被延迟了。

培养孩子的自我控制能力,要遵循小步递进的原则,延迟持续的时间由短到长,逐步增加,也就是说,不要期望孩子一开始就能等待很长时间。只要孩子能等上一小段时间,而且在等待的时间里不哭也不闹,就是进步。延迟满足是一种自律行为,可是孩子还小,往往需要通过他律才能做到延迟满足。这时,爸爸妈妈可以利用其他工具,比如让孩子把注意力转移到他喜欢的东西上。随着孩子年龄的增长,也可以让孩子尝试自我监督,爸爸妈妈不要总是亲历亲为,孩子在等待时,爸爸妈妈可以自己做自己的事,不要让孩子感觉爸爸妈妈正在看着他。

还可以采用代币法。代币法也是延迟满足的好方法之一。孩子年龄稍大一点时,爸爸妈妈可以和孩子约定,如果要买一样新的玩具或者是想吃一样好吃的东西时,要用平时积累起来的"小红花"来进行交换。"小红花"是平时孩子表现好的时候获得的"奖励",这些奖励主要是精神上的鼓励和表扬,不要采用物质奖励。一般在孩子积累到 5 次或 10 次后就可以满足自己的需要。孩子每次获得"奖励"的过程就是一种等待。

另外,孩子上小学之后,可以视情况给孩子一些零花钱了,让孩子知道一段时间内,自己可以自由支配多少钱。这是帮助孩子"延迟满足"和"节制欲望"的好办法。

│财智箴言│

"延迟满足"的目的在于训练孩子的自我控制能力,学会忍耐。而有延迟满足能力的孩子,在今后的学习中更易成功,在未来的人生路上也会更有耐性,更容易适应社会生活。因此,爸爸妈妈不要因为爱孩子而一味地满足他,延迟满足能让孩子将来获得更大的成功。

八、管好自己成就理财专家

有个男孩子脾气很坏,一天,爸爸给了他一袋钉子,并且告诉他,每当他发脾气的时候,就在后院的围墙上钉一颗钉子。

第一天,小男孩钉了27颗钉子。慢慢地,每天所钉钉子的数量减少了。因为他发现比起在墙上钉下那些钉子,控制自己的情绪要更加容易得多。终于有一天,小男孩再也不会因没有耐性而乱发脾气了,他把这些告诉了爸爸。

爸爸又告诉他:"现在开始,每当自己能够控制乱发脾气时,就拔出一颗钉子来。"

日子一天天地过去了,终于有一天,小男孩告诉他爸爸:"所有的钉子都被我给拔出来了。"

爸爸拉着他的手来到后院的墙边:"你做得非常好,我的孩子,但是看看墙上的那些洞,他们将永远不能恢复到从前的样子。就如同你生气时所说的那些话,将象这些钉子一样在别人心里留下了抹不去的疤痕。"

　　遇到不如意或难以处理的事情时,很多孩子会产生不良情绪,喜怒无常或是做事容易冲动。这时孩子们往往不知道如何释放自己的情绪,管理自己的心态。比如,有的孩子喜欢打架、说脏话,虽然知道打架、说脏话是不对的,而且每次与人打架,或者说过脏话之后也非常后悔,却无法控制住自己。作为父母有必要提高孩子自我管理能力,杜绝不文明的语言与行为。

　　很多家长都有切身的感受,孩子怎么会如此地不听话?为什么这么大了,却还不会整理自己的床铺?仍旧如此任性……这是因为,家长们往往会犯这样的错误:孩子没上学前,面对垃圾零食哭闹着不肯走,家长便掏钱给他买到手,他方罢休! 孩子上学后,不懂得按计划学习,只想玩游戏机。其中的道理很简单,您没有培养孩子的自我管理能力。

　　约翰·戴·洛克菲勒上小学时,学校组织学生们参加为期两天的野营活动,洛克菲勒根据老师介绍的营地情况,自己做了出行准备,父亲检查他旅行包时,发现没带野营时必需的手电,挡风的厚衣服也忘记了,但父亲有意没提示他。

　　两天后他回到家中,父亲问他:"玩得还开心吗?"

　　洛克菲勒回答:"在深山里住宿特刺激,可惜我忘记带手电了,晚上出去还要借别人的,不方便。我应该象您出差前一样,也列个单子,就不会忘了。"

　　父亲又问:"你是不是衣服也带少了啊?"

"是的，我没想到山里会那么冷。"洛克菲勒有点沮丧。

"下次旅行前一定记住先了解当地的天气情况，就不会发生这样的事了。"父亲安慰他。

"以后再出去玩，我就知道该怎么办了。"

老洛克菲勒给了孩子一次很好的锻炼机会。孩子自我管理能力的提高，关键就在于在这些生活细节中的一点一滴培养。约翰·戴·洛克菲勒思维缜密，做事有条不紊，追溯根源是与他父亲的教育方式密不可分的。他深思熟虑的作风，严谨的思维方式，也正是一个企业家在财务管理时必须具备的基本素质。

"学如逆水行舟，不进则退；心似平原驰马，易放难收。"如果一个人不重视对自己的管理，获取成功只能成为一种白日梦。

在孩子成长过程中，我们做家长的对孩子一定有个从全面看护、管理、帮助到放手的过程，道理是显而易见的。然而在理财教育中，放手却并不容易。关于孩子们零花钱管理的问题困扰着许许多多家长，但是为了孩子的健康成长，为了孩子日后独立生活时不至于出现财务危机，家长应该根据孩子的年龄特点，给孩子锻炼成长的空间，逐渐培养孩子的自我管理能力，自我控制金钱的能力。

自我管理包括以下几个方面。

❀ 生活管理。很多父母对孩子关爱有加，孩子的一切事情全给处理得妥妥贴贴，从而剥夺了孩子管理自己的权力。做父母的应该多让孩子去实践,在实践中积累经验,培养自我管理的能力。平时孩子玩完的玩具要让他放进箱子里,写完作业后收拾好书包等,时间长了,他就学会约束、控制自己,从而形成良好的自我管理习惯。

✽ 学习管理。孩子上学后,父母要教给孩子如何爱护、整理自己的学习用品;教给孩子如何处理与老师、同学的关系;如何正确认识学习的重要性;怎样为自己设定学习目标,如何给自己制定学习计划;一旦学习与其他方面产生矛盾时,孩子应该怎样处理等等。

✽ 情绪管理。人是情绪化动物,情绪可以控制一个人的思想、行为,情绪恶劣时,孩子们会做出不理智的事情来。面对问题,父母要教孩子保持冷静,平和自己的心态,然后再想如何解决问题。只有让孩子控制好情绪,他们才能真正地把握住自己。

✽ 行为管理。要明确告诉孩子什么可以做,什么不可以做,有了标准,孩子就能够适时控制自己的行为。比如对人说话、做事要有礼貌;去别人家要先敲门;未经别人允许不能随便拿别人的东西;乘公共汽车要按秩序排队等等,这都有利于自我约束意识的形成和自我管理能力的提高。

✽ 自我保护。现在不健康网站、图书很多,对孩子有着很大的诱惑力,同时又会腐蚀孩子的心灵。父母要告诉孩子什么是健康的,什么是有害的,让孩子懂得鉴别,并能够远离不健康的东西。此外,还要告诉孩子不与陌生人说话,对陌生人问路，或寻找东西请求帮助之类的事情，不要轻易相信，以免上当受骗。生活中难免会遇到各种危险事件，父母要从小教孩子懂得如何保护自己。

一个人能不能管理自己是十分重要的，父母应从小就培养孩子自己的生活自己安排，自己的言行自己约束的自我管理习惯，增强孩子做事的目的性和计划性。那么，孩子今后的生活必然会是幸福的，事业必然是成功的。

▌财智箴言▐

理财教育有助于孩子自我管理能力提高，在教育中家长应鼓励孩子自己多思考，哪些东西是"想要"的？哪些东西是"需要"的？怎样才能达到收支平衡？为了得到心爱之物，还要学会为目标而储蓄，自己去设定短期、中期、长期的储蓄目标……家长要由管理员的角色转变成指导员，只给孩子一些建议和指导，而路由孩子自己去走。不要怕孩子犯错，错误是最好的学习机会，在偶尔的浪费中，孩子学到的是宝贵的经验。在此基础上，家长还可以引导孩子善于在问题发生前解决问题而不是等到问题发生以后。这时，孩子的自我管理能力就真正培养起来了。

第六章　学会甄别各种金融产品

　　基金热炒的金融市场，房价节节走高的楼市行情，无疑给每个家庭提出了更高的理财要求。计划经济时代那种"敲钟吃饭，签字领钱，按月存款"的理财方式，已绝对不能满足新的财富积累的要求。家庭需要规划，钱财需要打理，理财是一辈子的功课，它并不象市面上很多广告上形容的那样轻松。事实上，世上很多富有的人，并不是那些拼命赚钱的人，而是最精于管理金钱的人，他们除了懂得生财之道外，还懂得金钱的运作规律，借着不停地资金流动，创造出更多的财富。所以，谁懂得管理金钱，谁就可能成为最富有的人。

一、储蓄得当，致富第一站

　　对于大多数的孩子们来讲，正是从接过父母给他们存钱罐那一刻起，对储蓄有了一定的概念。培养孩子的储蓄习惯是理财教育的重头戏，只有帮助孩子建立一个良好的储蓄习惯才能有助于他们长大成人后，更好的进行其他方面的投资理财。

　　储蓄获利少，人所共知，可是它比较安全、方便，起到了"蓄水池"的作用，仍然是大众投资理财的重要渠道之一。储蓄技巧显得很重要,它将使您的储蓄存款保值增值效果达到最佳化。

(1)活期储蓄。用于日常开支,灵活方便,适应性强。一般将月固定收入存入活期存折作为日常待用款项,供日常支取开支,水、电、煤气等费用从活期账户中代扣代缴支付最为方便。由于活期存款利率低,一旦活期账户结余了较为大笔的存款,应及时支取转为定期存款。

(2)整存整取定期储蓄。适用于生活节余的较长时间不需动用的款项。如今的低利时期,存期要"长",因为低利情况下的储蓄收益特征是"存期越长、利率越高、收益越好"。此外,还要注意巧用自动转存、部分提前支取等理财手段,避免利息损失和亲自跑银行转存的麻烦。

(3)零存整取定期储蓄。适合低收入者生活节余积累成整的需要。存款开户金额由储户自定,每月存入一次,中途如有漏存,应于次月补存,未补存者视同违约,到期支取时对违约之前的本金部分按实存金额和实际存期计算利息,违约之后存入的本金部分,按实际存期和活期利率计算利息。

(4)存本取息定期储蓄。5000元起存,整笔存入按约定期限,可1个月或几个月分次取息,到期还本。可与零存整取储种结合使用,产生"利滚利"的效果。即先将固定的资金以存本取息形式定期起来,然后将每月的利息以零存整取的形式储蓄起来。采取这种方式时,可与银行约定"自动转息"业务,免除每月跑银行存取的麻烦。

(5)通知储蓄存款。5万元起存,存期分为1天和7天两个档次。适合那些近期要支用大额活期存款但又不知支用的确切日期的储户。例如个体户的进货资金,炒股时持币观望的资金或是节假日股市休市时的闲置资金。

家庭除去日常开支的现金外,尽可能及时存入银行,因为您手上的现金是没有任何收益的。当"池水"中的金钱积累到一定的程度,将它们转到收益更高的投资工具上,在其他投资收益兑现后,又可转回来,等待下一个机会。由此可见,储蓄是一个资金的中转站,它既是投资理财的先导,又是投资理财的后盾,往往是通向致富之路的第一站。

二、债券理财,安全低风险

国债是以政府信誉为保证的一种金融工具。投资国债一直是家庭理财的首选之一。由于国债是中央政府发行的,具有最高的信用度,一般风险很小,且流动性强,变现容易。

儿时的记忆在很大程度上影响着我们以后的投资,我们这些成年人大都忘不了这样的情形:和妈妈站在银行门口排队买国债,以至于长大成人后,自己手中有闲钱时,就不免会想是不是也应象妈妈那样排队买国债?事实上,现在投资国债的方式和那个时代完全不同了。我们完全可以依靠网络的优势,和孩子一起查找资料,学习相关知识,根据家庭的实际情况来选择国债。

1. 记账式国债与凭证式国债对对碰

第一,收益性。记账式国债计算的是复利收益,而凭证式国债为单利计息,因此二者的实际收益存在差别。

凭证式国债是一种储蓄性质的债券,不能流通转让,到期一次还本付息,不计复利,收回所有本息的平均期限(即久期)就是该国债相应的到期期限。记账式国债可在到期前收回部分利息,收回本息的时间要短。所以应该注意选择久期等于凭证式国债期限的记账式国债。通常来说,久期基本相同的记账式国债比凭证式国债的收益率高。

第二,风险性。两种债券的债务人都是国家,信用风险完全相同,二者真正的风险差别主要体现在收益变化上。

如果投资者坚持持有国债到期的话,双方的收益都已锁定,记账式国债具有非常明显的优势。如果投资者要在国债到期前变现,两者的收益对比就不明确了。提前支取凭证式国债,不仅可以完全收回本金,还可以获得按分档利率计付的利息。而记账式国债的价格随时都在波动,到期前卖出,应保证持有期的应计利息不低于净价交易价格的下跌值,否则,初期的投资本金就发生了亏损。

第三,手续费。凭证式国债在收益上也有自己的优势。投资者购买凭证式国债没有手续费。购买正在发行的记账式国债虽然也不用支付手续费,但是面向个人投资者发行的记账式国债数量相对较少,发行期也较短,人们容易购买的是已经上市流通的记账式国债,这就需要缴付 1‰ 的手续费,因而实际收益降低了。

2. 购买记账式国债的技巧

目前不少银行纷纷推出了国债投资工具,比如利用"银证通"购买记账式国债的服务,或者是"债市通"理财工具,既可以购买凭证式国债。也可以买记账式国债。除了利用银行的理财工具之外,投资者还可以关注债券型基金以及债券型理财产品。购买记账式国债有以下几点技巧:

第一,随着央行宣布提高个人住房贷款利率,债券市场在经过一段时间的持续上涨后价格开始了回落。对偏好稳定收益的投资者来说,反而提供了良好的投资机会。

第二,记账式国债最大的特点就是可以在二级市场像股票一样进行买卖,由于存在价格的波动,存在博取短线价差的机会。但如果对政策面把握不好的话,博取短线价差的行为也存在亏损的风险。

第三,记账式国债只要持有到期,期间价格的波动对于投资者则不会构成任何的影响。因为每年投资者都能够获得固定的票面利息,本金不会受到任何损失,其安全性与在银行购买凭证式国债没有区别。

记账式国债与凭证式国债的相同点是投资安全,收益稳定,可享受免税待遇,不同之处在于记账式国债具有很高的流动性,可上市交易,并且每年付息。由于股市与债市存在一定的"跷跷板"效应,当股市下跌时,国债价格上扬;股市上涨时,国债下跌。投资者可以通过观察股市行情,在国债价格下跌的时候买入,这样就可以提高到期的收益率。风险较低,流动性好,收益率也比银行存款及凭证式国债高,这些都是记账式国债的优点。

三、基金投资要择机而入

如今,面对负利率时代,许多投资者都希望投资能做到既保持一定的收益,又回避较高的风险,多方比较下来,开放式基金成为许多人的选择。但是,目前市场上基金种类繁多,不同类型的基金,风险和收益水平各有不同,其交易方式也有差别。买基金前,首先要弄明白自己要买什么类型的基金。

1. 基金的种类

基金的分类方式很多,但最基本的分法就是开放式基金和封闭式基金,目前,绝大部分的基民买的都是开放式基金。这种基金的规模可以随时变动,在认购期和开放期内投资人可购买也可随时赎回。而封闭式基金是指基金规模在发行前已确定,在发行完毕后和规定的期限内,基金规模固定不变的投资基金。

开放式基金可分为股票型、债券型、保本型、配置型和货币式基金等诸多品种类别,家长可以针对孩子所处的年龄阶段,买合适的基金或基金组合。

2007年10月下旬以来,虽然股市低迷,也有相当一部分基金的年分红超过5％。基金得到的分红暂时还不需要交所得税,有些基金一两年内不具备分红能力,但市场一转好,其净值就会很快上升,这时可以等待分红,也可以选择赎回,一年的收益除弥补前几年的亏损外还有盈余。

股市行情的回暖为股票型基金未来的高收益增添了可能,但股票型基金之间收益两极分化的情况比较突出,选好基金更为关键。股票型基金收益高低、稳定与否与基金管理人关系很大,所以应选择那些管理能力比较强的基金公司旗下的股票基金来投资。可以根据近几年一些权威机构对基金公司的综合评价来选择基金公司,根据孩子的年龄特点,来引导他们浏览图文并茂的金融、基金类网站或亲自到销售网点咨询等方式,查询基金管理公司相关信息,并和孩子一起作出分析评价。

配置型基金的资产配置中包括股票、债券和现金等,分配比例可以根据市场灵活调整。债券型基金的资产配置则以债券品种为主(超过 50%)。如果基金经理管理得好,配置型基金的收益率与股票型基金比并不逊色,而股市和债市之间又在一定程度上存在着此消彼涨的关系,在股市低迷的时候,其债券投资部分可以获得相对稳定的收益。选择配置型基金时,可引导孩子了解我国的债市和股市,以便于逐渐拓宽孩子的投资渠道,分摊投资的风险。

保本型基金资产配置中以债券为主,兼有一定比例的股票投资。适合对本金的安全性要求特别高的人。保本基金都规定了持有期,一般是三年,因此一定要是长期闲置资金。

债券型基金在股市进入弱势调整阶段,尽显优势。弱势市场购买基金宜选择流动性好、风险低且回报率高于货币基金的债券型基金。时下,一些传统的债券基金纷纷加入零手续费的行列,即"免申购、赎回费,按 0.3% 年费率计提销售服务费"等,以降低投资成本。与此同时,传统债券型基金还强化资金流动性,缩短赎回款从托管账户划出的时间。

货币市场基金是一种以银行存款、短期债券(含央行票据)、回购协议和商业票据等安全性极高的货币市场工具为投资对象的投资基金。我国在 2003 年推出货币市场基金,定位为储蓄替代品种,具有高安全性、便利性、流动性和收益稳健性的特征。认购、申购和赎回不收任何手续费,投资者红利收入免税。投资此类基金,可以在获得类似活期存款的安全性、流动性的前提下,享受高于定期存款的收益,目前市场平均收益水平约 2%。

购买货币基金时,可与银行签订相关服务协议,根据实际选择自动申购、赎回及赎回还款等服务。比如每月 5 日工资到账后,将部分工资"自动申购"成货币基金,在享受货币基金的收益率的同时,避免了每月去网点排队缴款申购的麻烦。而日常生活消费,则主要利用信用卡,可通过"自动赎回"服务,在每月账单支付日及按揭款还款日前,将该货币基金自动赎回,完成账单支付和按揭款还款。如此这般操作一番,实际上等于利用发卡行的资金免费消费,同时货币基金账户又积累了一笔可观的"意外之财",真正做到了消费理财两不误!

市场上的基金有很多不同的类型,而同类基金中每只基金也有不同的投资对象、投资策略等方面的特点。由于我国目前尚未建立起较为成熟的基金流动评价体系,也没有客观独立的基金绩效评价机构提供基金绩效评价结论,投资者只能靠媒体提供的资料,自己作出分析评价。在选择基金时,您需要注意浏览各种报纸、销售网点公告或相关网站的基金产品信息,了解基金的收益、费用和风险特征,以判断某种基金是否切合您的投资目标。

目前基金公司基本上都通过银行代销其基金产品,在决定买哪家公司的基金后,就可以去该基金公司网站直接购买,也可通过网站了解其代销渠道,确定好银行后就可以去申购基金了,需要提供的资料主要是个人身份证明。

2. 基金投资的技巧

2007 年 10 月下旬以来股市一路下滑,让我们痛定思痛。现在,身边有很多朋友包括一些证券投资人士,都表示对投资基金有较大兴趣,也许,应该将投资的痛苦与快乐都交给那些专业人士,至少应将一部分钱配置到一些风险收益适度的理财产品。所谓关心则乱,与自己的钱隔得太近了,有时难免会乱了方寸,保持一定距离,反倒能客观一些。

如果能把那种只争朝夕的心态放得平和一些,把过去一年完成的投资目标放到五年,将时间拉长,不必怕走弯路,贵在持之以恒。市场肯定有很多曲折,但只要你坚信它是值得投资的,就不要怕绕远路。特别是面临空头市场,以及波动幅度较大的市场,不要赌一时的输赢,而更应当利用基金定期定额的投资方式,平摊风险,寻求长线潜在之回报,就会真正一步一步接近你的目标;比如你所渴望的财务自由、提前退休等等。下面介绍关于基金投资的几点技巧:

第一,认真分析证券市场波动,经济周期的发展和国家宏观政策,从中寻找买卖基金的时机。一般应在股市或经济处于波动周期的底部时买进,而在高峰时卖出。在经济增速下调落底时,可适当提高债券基金的投资比重,及时购买新基金。若经济增速开始上调,则应加重偏股型基金比重,以及关注已面市的老基金。这是因为老基金已完成建仓,建仓成本也会较低。

第二,要考虑到投资期限。投资基金与投资股票有所不同,不能象炒股票那样天天关心基金的净值是多少,最忌讳以"追涨杀跌"的短线炒作方式频繁买进卖出,而应采取长期投资的策略。投资期限越长,您越不需担心基金价格的短期波动,从而选择投资较为积极的基金品种。如果您的投资期限少于一年,您应该尽量考虑一些风险较低的基金。尽量避免短期内频繁申购、赎回,以免造成不必要的损失。买基金就是追求稳定安全的长期回报,比得不是一夜暴富的速度,而是稳健长远的收益。

第三,要详细了解相关基金管理公司的情况,考察其投资风格、业绩。一是可以将该基金与同类型基金收益情况作一个对比。二是可以将基金收益与大盘走势相比较，如果一只基金大多数时间的业绩表现都比同期大盘指数好，那么可以说这只基金的管理是比较有效的。三是可以考察基金累计净值增长率。基金累计净值增长率＝（份额累计净值－单位面值）÷单位面值。例如，某基金目前的份额累计净值为1.11元，单位面值1.00元，则该基金的累计净值增长率为11％。当然，基金累计净值增长率的高低，还应该和基金运作时间的长短联系起来看，如果一只基金刚刚成立不久，其累计净值增长率一般会低于运作时间较长的同类型基金。四是当认购新成立的基金时，可考察同一公司管理的其他基金的情况。因为受管理模式以及管理团队等因素的影响，如果同一基金管理公司旗下的其他基金有着良好的业绩，那么该公司发行新基金的赢利能力也会相对较高。

第四，选好基金经理非常重要。基金经理手握投资大权，其决策对基金表现具有举足轻重的作用，关系着基金绩效之优劣，投资大众的盈亏，而规模较大的基金，甚至可能影响到整个市场。因此，挑选基金时必须知道究竟是哪个基金经理在发号施令，其任职期间会有多长。对其一无所知，可能会有意想不到的损失。例如，有的基金过去几年有着骄人的业绩，而一旦基金经理换将后，投资策略大变，基金的表现迅速下滑。

第五，对购买基金的方式也应该有所选择。开放式基金可以在发行期内认购，也可以在发行后申购，只是申购的费用略高于发行认购时的费用。申购形式有多种,除了一次性申购之外,还可采用"成本平均法",即每隔相同的一段时间,以固定的资金投资于某一相同的基金。这样可以积少成多,让小钱积累成一笔不小的财富。这种投资方式操作起来也不复杂,只需要与销售基金的银行签订一份"定时定额扣款委托书",约定每月的申购金额,银行就会定期自动扣款买基金。

第六,尽量选择后端收费方式。基金管理公司在发行和赎回基金时均要向投资者收取一定的费用,其收费模式主要有前端收费和后端收费两种。前端收费是在购买时收取费用,后端收费则是赎回时再支付费用。在后端收费模式下,持有基金的年限越长,收费率就越低,一般是按每年20%的速度递减,直至为零。所以,当你准备长期持有该基金时,选择后端收费方式有利于降低投资成本。

第七,尽量选择伞形基金。伞形基金也称系列基金,即一家基金管理公司旗下有若干个不同类型的子基金。对于投资者而言,投资伞形基金主要有以下优势,一是收取的管理费用较低,二是投资者可在伞形基金下各个子基金间方便转换。从国际成熟市场经验看,基金投资是一个长线行为,从经济学角度分析,证券市场价格波动体现出明显的单边性特征,股票价格总体上具有长期不断上涨的历史趋势,这就是做基金长期能够盈利的重要理论依据。如果把美国股市以50年为一周期,扣除通货膨胀因素后,长期收益率是

6.5～8.5％。中国作为一个新兴加成长市场,其证券市场的收益率应该比美国高一些。以中国股市发展趋势看,如果假以时日,出现一批年收益率在15％～20％的偏股型基金是完全可以期待的。所以说坚持长期投资的理念,才是广大基金投资者应该持有的健康投资心态。只有真正具有耐心的人,才能在基金投资中获取最大收益。

孩子们从来没有进行过任何投资,所以引导他们首先投资基金是比较合适的。基金和银行存款一样方便,它是从银行存款等无风险的投资向股票等有风险投资过渡的最好的投资品种。通过基金这个投资窗口,孩子们就可以进入投资的殿堂,学习许多投资理财的知识了。随着水平的提高,进而可以从事其它的投资,承担的风险也可以逐步增大,希望您和孩子都成为理财高手。

四、外汇交易,钱与钱的买卖

既然是钱与钱的买卖,首先就应该教孩子认识各种外币,告诉他们由于国与国之间的商品交换频繁进行,又没有统一发行的国际货币,于是就将各国一定量的货币单位折合成了外汇。当前,在国际市场上用于国际间结算的主要是美元、英镑、欧元、日元等货币。可带孩子一起去银行营业厅,观察一下人民币外汇牌价,通过计算比较,巩固所学的汇率知识。至于外汇投资,风险较大,要审慎而为之。

近年来,外汇市场逐渐交投旺盛,吸引了不少人参与,买卖外汇已成为一种重要的投资工具。如果将外汇当作一种商品,那么换汇实际上就是买卖外汇的过程。按照我国现行的银行制度,无论是企业还是个人,都只能到银行换汇。投资者可以到银行柜台交易,也可以通过电话交易,或个人理财终端进行自助式交易。通常,如果进行柜面交易,只需将个人身份证、外汇现金、存折或存单交柜面服务人员即可办理。如果进行电话交易或自助交易,则要带上相同资料,到银行网点办理电话交易和自助交易的开户手续后,才可进行交易。

随着我国外汇储备的增长和国际收支状况的改善,国家逐步放开对个人用汇的限制。目前,每人每年可购等值5万美元,凭身份证明申报用途后直接在银行即可办理,超过5万美元的,银行则要审核相关证明材料。

买卖外汇时,自己有多少钱买多少"货",不能透支,这与信用交易是相对的。我国目前只允许实盘买卖。买卖的货币一般为可自由兑换的货币,采取双向操作机制,无交割期限制。

投资者可以选择市价交易,可买升可卖跌,最重要的原则是要选择强势货币,这已经成为进入汇市的必修课。基本要求是:一看该国的经济地位。二看该国的政治局势。三看该国的世界影响力。这三个因素在很大程度上能够决定该货币的稳定和坚挺。

五、股票,天堂还是地狱

不得不承认与美国100多年历史的成熟股市相比,目前国内的股市更像是投机者的天堂。A股市场,在2007年10月创下历史新高6124.04点后,急速下挫,仅有几次不成规模的反弹,至今一直处于低位调整的态势。在这样的市场环境中,不懂得世事险恶的孩子很容易遭受损失。建议您不要让孩子在真正的股票市场里作买进、卖出的决定。一方面,没有成年人做监护人,年幼者不能合法地以他们自己的名义拥有股票;另一方面,对孩子的投资错误,尽管从教育的观点来看可能是有意义的,不过从金融的观点来看,用零花钱来购买和出售真正的股票,可能会使家庭蒙受经济损失。利用模拟买卖股票的方式,教孩子了解股票交易这种投资方式是一个不错的选择。

中国传统的教育观念不喜欢让孩子对钱感兴趣,但事实上,让孩子们学会打理手中为数不少的"剩余资本",是学校和家长共同面临的问题。现行的教育在培养孩子投资理财方面几乎是个空白,孩子的投资天赋会因为缺乏后天的引导逐渐变得迟钝,但是孩子的未来将面临的是一个国际化竞争的时代,让孩子从小懂得资本运作规律并进行投资实践是大势所趋。

1. 股票到底是什么

股票是股份证书的简称,是股份公司为筹集资金而发行给股东作为持股凭证并借以取得股息和红利的一种有价证券。

股票具有以下基本特征。

第一，不可偿还性。股票是一种无偿还期限的有价证券，投资者认购了股票后，就不能再要求退股，只能到二级市场卖给第三者。股票的转让只意味着公司股东的改变，并不减少公司资本。

第二，参与性。股东有权出席股东大会，选举公司董事会，参与公司重大决策。股东参与公司决策的权利大小，取决于其所持有的股份的多少，只要股东持有的股票数量达到左右决策结果所需的实际多数时，就能掌握公司的决策控制权。

第三，收益性。股东凭其持有的股票，有权从公司领取股息或红利，获取投资的收益。股息或红利的大小，主要取决于公司的盈利水平和公司的盈利分配政策。股票的收益性，还表现在股票投资者可以赚取价差利润。投资者可以在市场上卖出所持有的股票，取得现金。

第四，价格波动性和风险性。股票在交易市场上作为交易对象，同商品一样，有自己的市场行情和市场价格。由于股票价格要受到诸如公司经营状况、供求关系、银行利率、大众心理等多种因素的影响，其波动有很大的不确定性。因此，股票是一种高风险的金融产品。

2. 股票投资技巧

在不少股市交易场所的醒目处有这样的公告："股市风

险莫测,入市须谨慎"。现在有不少已成为股民的人,大盘看不懂,图形不明白,也入市操作起来,有多大可能在股市获利?股市中的机会时时存在,股市中的风险也时刻伴随在股民身边。无知者进去会伤筋动骨的。所以一定要先学习基础知识,买些股票书籍、报刊认真学习一下,有些感性认识,打好基础再入市。刚入市时先观察一段时间,设计一个获利的模式,做股票和做任何生意一样,做什么东西?什么时间做最好?具体每一步该怎么做?这都是事先要想好的。

(1)建一个适合你的股票池。你要仔细地阅读每家公司的年报、中报、季报和其它公开信息,从中选出有良好预期的个股,坚持对他们进行跟踪,在适当的时机采取行动。如果你每天只关注30到40只股票,你的工作量就会相对较小,精力更加集中,操作成功的机会就会大大增加。成长性是股市恒久的主题,是股价上涨最主要的推动力。连续多年业绩稳定增长30～50％以上的公司是最有可能成为牛股的。另外,还要关注流通盘的大小,同等条件下,盘小的股票涨幅可能会大一些。

(2)选择一个适合的时机。市场是有周期性的,涨多了就会跌,跌多了就会涨,所有的证券市场都是这样。当大盘下挫,95％的股票都会下跌,这时最好不要建仓。建仓应选择大盘企稳并重新上行时,并且大盘每一轮上涨都有一定的热点板块,大盘强势时跟热点机会多一些。另外,在大盘走稳的前提下,有良好业绩预期的个股,在报告发布前几周就开始上涨,可在个股技术面形成多头时建仓,到报告发布前几天涨势减缓或开始下调时出货。

(3)做一个详细的操作计划。一个良好的操作计划,能记录你在买进股票时的想法,可以帮助你控制情绪,让你有一个思考的过程,便于总结经验教训。

3. 影响股票价格的因素

(1)经济和政治因素。股市直接受经济状况的影响,往往也是经济状况的晴雨表。经济衰退时,股市行情必然随之疲软下跌;经济复苏繁荣时,股价也会上升或呈现坚挺的上涨走势。金融环境放松,市场资金充足,利率下降,存款准备金率下调,很多游资会从银行转向股市,股价往往会出现升势。国家抽紧银根,市场资金紧缺,利率上调,股价通常会下跌。

国际收支发生顺差,刺激本国经济增长,会促使股价上升。而出现巨额逆差时,会导致本国货币贬值,股票价格一般将下跌。国家的政策调整或改变,在国际舞台上扮演较为重要角色的国家政权转移,国家间发生战事,发生劳资纠纷甚至罢工风潮等都经常导致股价波动。

(2)公司自身和行业因素。股票自身价值是决定股价最基本的因素,而这主要取决于发行公司的经营业绩,资信水平以及连带而来的股息红利派发状况,发展前景,股票预期收益水平等。另外,行业在国民经济中地位的变更,行业的发展前景和发展潜力,新兴行业引来的冲击,以及上市公司在行业中所处的位置,经营业绩,经营状况,资金组合的改变及领导层人事变动等都会影响相关股票的价格。

（3）市场和心理因素。投资者的动向,大户的意向和操纵,公司间的合作或相互持股,信用交易和期货交易的增减,投机者的套利行为,公司的增资方式和增资额度等,均可能对股价形成较大影响。再者,投资人在受到各个方面的影响后产生心理状态改变,往往导致情绪波动,判断失误,做出盲目追随大户的狂抛抢购行为,往往也是引起股价狂跌暴涨的重要因素。

六、黄金投资,魅力永恒

黄金是人类较早发现和利用的金属。由于它稀少、特殊和珍贵,自古以来被视为五金之首,有"金属之王"的称号。黄金是一种保值性能较好的投资品种,在各种投资组合中包含黄金,可以抵消其它投资品种可能存在的风险损失。黄金的价值变化较小,而流动性也越来越高,当市场开放之后,还可以将实物黄金带到国际市场变现成当地货币。

1. 影响黄金价格的因素

黄金价格的变动,绝大部分原因是受黄金本身供求关系的影响。因此,作为一个具有自己投资原则的投资者,就应该尽可能地了解任何影响黄金供给的因素,从而进一步明了场内其他投资者的动态,对黄金价格的走势进行预测,以达到合理投资的目的。其主要的因素包括以下几个方面。

(1)美元走势。美元虽然没有黄金那样的稳定,但是它比黄金的流动性要好得多。当国际政局紧张不明朗时,人们都会因预期金价上涨而购入黄金。黄金虽然本身不是法定货币,但始终有其价值,不会贬值成废铁。若美元走势强劲,投资美元升值机会大,人们自然会追逐美元。相反,当美元在外汇市场上越弱时,黄金价格就会越强。

(2)世界金融危机。假如出现了世界级银行的倒闭,金价会有什么反应呢?其实,这种情况的出现就是因为金融危机的出现,当美国等西方大国的金融体系出现了不稳定现象时,世界资金便会投向黄金,黄金需求增加,金价即会上涨。黄金在这时就发挥了资金避难所的功能。

(3)通货膨胀和石油价格。我们知道,一个国家货币的购买能力,是基于物价指数而决定的。当一国的物价稳定时,其货币的购买能力就越稳定。如果美国和世界主要地区的物价指数保持平稳,持有现金也不会贬值,又有利息收入,必然成为投资者的首选。相反,如果通胀剧烈,持有现金根本没有保障,收取利息也赶不上物价的暴升,人们就会采购黄金,因此黄金的价格就会随涨。黄金本身是通胀之下的保值品,与美国通胀形影不离。石油价格上涨意味着通胀会随之而来,金价也会随之上涨。

2. 黄金投资技巧

(1)做黄金投资一定要有计划,主要是看现在处在什么位置,升的空间大于下跌的空间时,买多;反之,卖空。很多初次入金市的投资者,在分析好行情做好投资计划后,还是前怕狼后怕虎,因此错失了良机,虽勉强进入已是此一时,彼一时,后悔不已。另外当临近自己目标价位时要及时获利,以免坐"电梯"又回到原来的位置。

(2)黄金投资一定要执行长线和短线相结合的原则,只要方向对了,长线可以获得丰厚的利润,而短线投资者经常会伤痕累累,甚至会被价格牵着鼻子走,出现买了就跌、抛了就涨的怪圈。严格的止损是投资成功与否的重要保证。当然,说起来容易做起来难,但如果不设止损,就可能一败涂地,所以一定要利用概率,输小钱赚大钱,千万不要赚小钱输大钱。

(3)当市场走势不明朗,又没有足够的自信,就应该离场观望,耐心地等待最佳的入市时机。千万不要在勉强的情况下做投资。实践证明,在勉强的情况下 80%的投资方向都是错的。一个成功的投资者,一定是心理素质过硬的人。在黄金投资的实战中,分析得再好、再全面,心理素质不好也难取得优异的收益。

| 财智箴言 |

家庭理财投资是一种袖珍的民营经济,同样需要经营,同样要追求价值最大化。不同的理财观念,不同的理财方式,不同的家庭财产搭配,不同的家庭理财投资,对家庭资产保值增值会产生不同的结果。

第七章　更优质的教育不是梦

作为一项重大的家庭理财工程,孩子的教育投资规划不单单只是"攒钱"就可以解决的。那么,如何对孩子的教育投资做出合理规划,找到最适合的投资方式呢?

了解当前的教育收费水平和增长情况是基础步骤,也是最关键的步骤,这包括学前教育、义务教育、大学教育和其它支出的所有内容。计算出来的金额可能会让你感到惊讶。如今的教育费用正处在持续增长的阶段,如果没有前期准备,那么到时候付不起孩子的学费也不是不可能发生的,规划教育金有三个步骤:

1. 设定目标

理财专家们总不厌其烦地提醒投资人设定目标的重要。明确的目标能引导你理智进行投资,持之以恒,即使在市场波动时也不致迷失方向。但千万不要设定在5年内让财产多两倍这种快速致富的目标,以免陷入投机而因小失大。

为孩子储蓄教育费前应自问:你准备负担多少? 你愿意让孩子就近读大学吗? 还是让孩子去北京、上海读大学? 要不要准备出国深造的费用?

2. 计算费用

孩子教育费用的变数实质是家庭为买到优质的教育资

源而付出的费用。这其中大学教育的费用是各类教育投资中最高的,也是教育持续期最长的。在大学教育费用日益增长的今天,费用将很可观。这个数字除了学费,还要包括食宿费、书费、杂费等。

3. 选择投资工具

每个人都希望自己的资产很安全,方便提用,而且尽可能有效率的成长。时间就是金钱,如果你能愈早开始,就可以承受较多的投资风险。

如果你的孩子在上小学,开支较大的时间一般在 6~12 年之后,可投资资产配置以股票为主的股票型基金,因为股票型基金风险高收益也高。

如果你的孩子在 5 年内要上大学,可选择配置型基金、债券基金等风险略低一些的品种,风险与收益并重。

选择投资工具时,必须考虑你对风险的容忍度。当一个熊市出现,你的投资可能下跌 20~25%,而根据过去 40 年的纪录,大概每 5 年就会出现一次熊市。

有些投资人能忽视市场波动,不轻易更改投资策略,但有些人却会因行情变化辗转难眠。如果你是后者,别挑战自己的神经,宜采用保守稳定的投资组合。但即使像银行定期存单这种看似超级安全的投资工具,一样会有风险,例如通货膨胀或银行破产。

检视你的目标、时间范围、风险容忍度及财源稳定度,便能更正确地选择适当的投资组合。

法律并没有规定父母要负责孩子的大学学费,如果你希望孩子也能负担其中费用,就应及早教导他储蓄及用钱之道。金钱虽能确保孩子的受教育机会,却不能决定他的未来。父母的教养理念和态度,才是塑造孩子人生的关键。

一、为未来的幸福而投资

芝加哥大学教授、诺贝尔经济学奖获得者詹姆斯·赫克曼在北京大学发表演讲,他说:"我们是处于一个变革的时代,我们一定要对人力资本,对教育进行投资,带来的回报是强有力的。随着中国加入世界市场,成为全球经济的一分子,人力资本投资显得尤为重要。教育投资的回报率高达30%。"

其实早在 20 世纪 60 年代,就有经济学家把家庭对孩子的教育培养看作是一种经济行为,即家长将财富投资于子女的成长中,使之接受良好的教育,当子女成年后,可获得的收益远大于当年家长投入的财富。1963 年,经济学家舒尔茨运用美国 1929~1957 年的统计资料,计算出各级教育投资的平均收益率为17.3%,教育对美国国民经济增长的贡献率为 33%。在一般情况下,受过良好教育者,无论在收入或是地位上,确实高于没有受过良好教育的同龄人。

教学之道不仅仅在于"传道、授业、解惑",而是让孩子能从中学会一种能力,驾驭各种知识的能力,这就需要从小给孩子建立一个知识"宝库"。好一些的学校,教师的素质整体而言就会好得多,对孩子的成长就更有利。

需要提醒的是,作为孩子的家长,不仅要比较全面准确地了解孩子的优点、长处,还要全面准确地了解孩子缺点、短处,要根据孩子的实际情况确定家庭教育投资的方向和目标。现在的孩子,因为优生和良好的营养,绝大多数身体素质和智商都有所提高,但仍然有好、中、差的存在,要正视这种差异,对自己孩子的素质在全体孩子中的位置有一个正确的定位,使家庭教育投资的目标有的放矢。

在我国,义务教育阶段原则上由国家承担大部分培养费用,不存在个人家庭投资问题,家庭主要负担的是非义务教育阶段的投资。由于在非义务教育阶段,受教育层次越高,人力资本、择业率、晋升机会越高,受教育者家庭自然应该分担一部分费用,其实质是家庭为买到优质的教育资源而付出的费用。这其中大学教育的费用是各类教育投资中最高的,也是教育持续期最长的。在大学教育费用日益增长的今天,几乎所有的家长都担心是否能承担将来子女上大学的费用。要为子女创造良好的学习条件,家长及早进行教育投资规划是十分必要的。有个好的规划,对于要支出多少钱,怎样筹钱,在什么时间要筹到钱,心里才会有数,才不至于临时乱了阵脚而贻误了教育时机。

教育理财最重要的一点是合理考虑风险收益,在孩子不同年龄段应选择不同的投资。典型的教育周期为 15 年,在周期的起步阶段,父母受到年龄、收入、支出等因素的影响,风险承受能力较强,可充分利用时间优势,做出积极灵活的理财规划。这个时期可以长期投资为主,以中短期投资为辅,较高风险及较高收益的积极类投资产品可占较高比例,保守类产品所占投资比重应降低。到了教育周期的中后期,则应相应地调整理财规划和总基金类产品与保守类产品的比例,以便与所处阶段相适应,获取稳定收益。但无论处于哪个阶段,教育理财无疑愈早愈好。

随着经济的发展,社会和家庭的物质基础越来越丰富,对多数家庭而言,家庭教育的物质投入已经不是问题。家庭教育投资的最终目的是为了家庭成员的发展和家庭的和谐,物质或金钱只是一种手段或条件,而不是目的。因此,金钱投入是必要的,但不是全部。美国心理学家马斯洛在1943年提出了"需要层次"理论。这一理论认为,人的需要分为五大类,按从低级到高级的顺序排列为:生理需要,安全需要,社交需要,尊重需要,自我实现的需要。满足孩子任何一种需要都可能得到孩子的不同形式的回报。

在子女教育投资问题上,最典型的话是"只要孩子愿意学,花多少钱都行","只要孩子表现好,什么都可以给他买"。这类话蕴含着这种意思:父母的责任就是为孩子挣钱,孩子不愿意学,孩子表现不好,这不是父母的责任。在新的社会条件下,家长要转变观念,从关注为孩子创造物质条件转到关注或参与孩子的兴趣爱好与培养良好行为上来。

1. 做好衣食父母

生理需要是人类最原始的也是最基本的需要。在家庭中要给孩子一个活动的空间,家庭装潢、家居环境和家具陈设等应考虑有利于孩子的活动,不能只为成人服务而忽视孩子的需求。对孩子的吃、穿、用等生活用品的选择要讲究科学,食物应营养均衡,衣着要大方得体,不要一味追求高档名牌。孩子学习用品的购买要合理,孩子学习必须具备的用品一定要买,可有可无的应视家庭经济条件而定,不要诱发孩子不切实际的高消费和攀比心理。

孩子对父母付出的理解程度与情感的强度是成正比的。"一粥一饭,当思来之不易;半丝半缕,恒念物力维艰。"不论父母有多少钱财,都要让孩子了解这些钱财来之不易,让孩子体验和理解其中父母所付出的辛劳。

2. 创设良好的家庭教育环境

家庭成员,特别是父母之间的和谐,是家庭稳定和温馨的基础,也是儿童心理稳定和健康的保障。在此基础上,家长要为孩子提供良好的学习环境,一是硬环境,即孩子学习的物质条件。二是软环境,即有利于孩子学习的家庭氛围。

首先要为孩子在家里选择一处光线最好、最僻静的地方专供孩子学习,在那里摆设书桌和高矮适当的椅子,最好再配备一个小书架。孩子是这一块领地的小主人,孩子可以有条理地安排自己的书籍、学习用具和心爱之物。每天早上起来,孩子可以很自然地坐在这里读书,然后清理书包去上学;

放学回家,也就很自然地卸下书包,开始做家庭作业和课外阅读,很快进入角色。家里人和外来的客人见到孩子在学习,就不会去打扰他们,不会毫无顾忌地高声说话,随便闯入孩子的小天地。孩子自己也会感到很安全,很自在,很愉快,并因此逐步养成独立自主的学习态度和习惯。

其次要为孩子提供宽松的、严肃活泼的精神空间。现在学校通行的是严厉的管教方式,如果孩子回到家,仍然找不到自己的精神家园,精神上总是绷得紧紧的,就既不利于身心健康,也不利于学习效率的提高。因此,家长不能将家庭作为学校的延续,要创造宽松的精神环境,减轻孩子的精神负担。对学习困难的孩子,要坚持正面鼓励,耐心疏导,排忧解难的教育原则,让孩子得到调整,增强再努力的信心和力量,找到学习的途径和方法。对学习顺利的孩子,宽松的氛围也将有利于孩子解放思想,独立思考,培养创造性。有关研究表明,如果家庭不民主,对孩子过多地训斥、支配,则儿童的思维就会表现出刻板、呆滞、创造力低下的状态。

3. 鼓励孩子的社会交往

交往的需要,又称归属和爱的需要,是一种社会需要,人人都希望通过交往获得别人的爱,给予别人爱,并希望为团体与社会所接纳,成为其中的一员,得到相互支持与关照。国内外许多研究表明,父母干涉或限制孩子的人际交往是产生亲子冲突的重要诱因。

"父母反对我和同学一起出去玩,怕影响学习";

"不让我和学习成绩差的同学交往,怕我成绩下降";

"有时同学来电话,他们不让我接,还说我不在家";

"考试没考好时,他们就会想到经常给我打电话的异性朋友,说肯定在和她谈恋爱,而且还说得有凭有据,搞得我不敢再和同学在家里电话联系,找机会到外面打电话。"

这是许多孩子的心声。做为家长要积极为孩子寻找朋友,在周末或假日带着孩子串串门,或邀请有孩子的亲友、同事到自己家中来,为孩子寻找玩伴。为孩子寻找朋友,既密切了亲子感情,又可对孩子交友进行指导,主动预防孩子结交不良朋友。

4. 尊重孩子促进亲子沟通

亲子沟通是建立良好亲子关系的基础,有一些家长不懂得尊重孩子成长的需求,孩子幼小无知时是比较听话的,但随着年龄的不断增长,特别是进入青春期以后,如果家长还把他看成是那个不懂事的孩子,还是用他在幼儿园、小学时的那种方法去教育他,便已经严重背离了他的需求,孩子必然会反感对抗,这也是青春期孩子叛逆多的原因之一。

家境贫寒的李想,上中学后,看到周围许多同学都穿着名牌运动服装,也在爸爸妈妈面前流露出想要的意思。父亲说:"你来安排一下我们家的费用开支,看能否挤出买名牌服装的钱……学生的任务就是学习,学习好才能赢得自尊,我们买不起名牌服装,你就应该在学习上超过他们……以后要穿名牌服装,要靠自己的努力。"

家长必须放下架子与孩子同甘共苦,建立健康、和谐的亲子关系。首先,要尊重孩子的选择。孩子是一个独立的个体,目前是在父母的照顾下健康成长,但总有一天要脱离父母保护的羽翼而独立生活。那么让孩子逐渐地学会进行合理分析并选择自己的喜好、意愿,就是家长很明智的做法了。其次,与孩子平等沟通也很重要。平等是沟通的前提,以平等的态度同孩子沟通,无拘无束地接纳孩子的观点。除了用语言与孩子沟通,还可以用非语言的方式与孩子沟通。父母的微笑、点头、抚摩、拥抱都很容易表达对孩子的尊重、关心、爱护和肯定。这些做法无疑都是建立良好亲子感情的重要基础。

5. 发现挖掘孩子的潜能

尽管大多数父母可能对"自我实现"这一名词并不熟悉,但对其内涵并不陌生,并为了孩子的自我实现愿意奉献一切。

英国伟大的生物学家达尔文,祖父和父亲都是著名的医生。为了让他继承祖业,父母为他选择了医学,可是他却喜欢旅行,玩耍。当他决定放弃行医时,遭到了父亲的斥责:"你放着正经事不干,整天只管打猎、捉狗、捉耗子!"可是达尔文却坚持自己的想法,成就了一代伟人!

促进孩子的自我实现,需要父母从孩子的实际出发,有长远眼光,善于发现孩子的天赋和潜能,并积极提供必要条件,创造可能的机会。如果父母不能发现孩子的潜能和兴趣,就要给孩子提供一个广阔的成长空间。创设良好的信息环境,为孩子订阅报纸杂志,指导孩子收看有意义的电视节目,带孩子去博物馆、科技馆、展览馆等有教育意义的场所,或是带孩子游览祖国的大好河山,帮助孩子在各种各样的信息中,选择有利和有益的信息。

二、根据实际情况制定计划

改革开放以来,我国国民经济持续快速地增长,GDP、人均收入、存款余额大幅度增长,富裕起来的人们开始面对买房、教育费用、医疗、保险、税务、遗产等问题,未来众多的不确定性,使人们产生了理财的需求。

国际上的一项调查表明,几乎100%的人在没有自己的理财规划的情况下,一生中损失的财产从20%到100%不等。在这样的经济背景下,如果不具备一定的理财知识,财产损失是不可避免的。教育金的储备更是重中之重,所有的家长都希望孩子未来受到良好的高等教育。从重视胎教开始,再到孩子上了幼儿园,小学,各种书画班、舞蹈班、奥数班、英语班应接不暇,所有的目的只有一个,就是为了孩子能够全面发展,给孩子一个美好的未来。在高中和大学阶段,对于教育的需求更为强烈,进入重点中学和大学是每个父母的心愿,更有父母甚至不惜重金将孩子送到国外深造。而这些目标的实现都离不开教育金的规划和准备。

1. 手头的钱要留够

杨朔在一家事业单位工作,刚刚结婚,经济收入不高,但生活还算稳定,和大部分年轻人的消费理念一样,追求生活品质。可是最近这半年,他发现自己没有什么大宗的开销,生活习惯基本也和以往差不多,却明显感觉到日子过得捉襟见肘起来。为什么同样的收入,以前基本可以维持自己的花销,甚至有几百元的节余,可是这几个月银行的信用卡账单却会让杨朔觉得疲于应付,不仅没有节余、有时候还会出现现金短路的情况呢?杨朔细细算了算账,发现现金短路的原因就在于生活费用上升,而收入没有变化,原来基本可以打平的收入支出,也就难免出现了亏空。

近年来,CPI指数连续居高不下,对于很多人来说,已经不仅仅是一个经济数据指标那样简单了。尽管在物价上涨的环境下,劳动力成本,也就是我们所获得的工资、薪金等等也会得到一定程度的提高,但收入的提高往往滞后于其他生活费用的上涨。同时,随通货膨胀率上涨,货币的实际购买力也会在一定程度上被削弱。

因此,如果保留以往的生活习惯,而不对现金管理进行控制,你便会体会到物价上涨所带来的压力。这一点对于家中有年龄较小的孩子来说,表现得尤为突出。

要想提高家庭资产中的防御功能,避免陷入一时的财务困境中,增加备用金的储备是不可缺少的方式。紧急备用金一般以现金和活期存款的形式出现,有必要划拨足够的资金作为紧急备用金,作为专款专用。备用金的储备重在一个"活"字,如银行的活期存款、货币市场基金等等,这些投资工具可以随时赎回和使用(货币市场基金基本可以实现 T+1 到款)。手头到底留多少钱取决于:

第一,通胀加剧之下,社会经济也受到一定的影响,这种影响反映到个人和家庭身上,主要的体现是生活支出的增加。

第二,应付失业可能导致的工作收入中断。一般来说,个人与家庭都应当视自己的具体情况设置合适的储备金,通常储备金需要维持个人或是家庭三个月的正常花销。具体风险承受能力会有不同,如年轻人应对风险的能力较强,预备 1 个月的储备金基本可以满足需要,青年家庭需要 3 个月的储备金,而中老年家庭至少需要 6 个月的储备金。但在经济形势不明朗的背景下,就业与再就业的机会可能因此减少,由于失业导致的家庭财务风险会有所增加,因此我们建议在原有的家庭备用金基础上,可以适当增加 1~1.5 个月的生活费用储备,以应对职场上出现的风险。

第三,应对紧急医疗或意外灾害导致的超支费用。家庭成员的突发医疗费用或因地震、水灾等导致的财产损失,也需要一笔紧急备用金。

2. 基本知识要勤学

有媒体称中国已经进入个人理财时代,孩子们需要学习,家长也要跟上时代步伐,拒绝贫穷。做个有钱人成为居民理财的最大追求。但是受传统观念的影响,许多人认准了银行储蓄一条路,拒绝接受各种新的理财方式,致使自己的理财收益难以抵御物价上涨,造成了家财的贬值;也有人只知道不停地赚钱,却忽视了对财富的科学打理。现在,你有许多的条件去学习这项技能。银行、基金公司、证券公司、保险公司等有许多的理财顾问,他们会很乐意为你服务的,多向他们请教学习,转变理财观念,调整和优化家庭的投资结构。当你踏上理财征程时,一开始可能会觉得有些困难,可一旦尝到新增财富的滋味时,就会喜欢上投资理财这项活动的。也只有如此,你才能更有效地为孩子的理财计划提供帮助和指导。

(1)基本的财务知识。很多优秀的人才,非常懂得利用自己的知识和能力赚钱,但是却不懂如何把赚来的钱管好,利用钱来生钱。因此,理财的第一步就是掌握基本的财务知识,学会如何管理金钱,知道货币的时间价值,读懂简单的财务报表,学会投资成本和收益的基本计算方法。只有学会这些基础的财务知识,才能灵活运用资产,分配各种投资额度,使得自己的财富增长得更快。

(2)投资知识。除了财务知识以外,我们还要掌握基本的投资之道。现代社会提供了多种投资渠道:银行存款、保险、股票、债券、黄金、外汇、期货、期权、房地产、艺术品等。若要在投资市场有所收获,就必须熟悉各种投资工具。存款的收益虽然低,但是非常安全;股票的收益很高,但是风险较大。各种投资工具都有自己的风险和收益特征。

熟悉了基本投资工具以后,还要结合自己的情况,掌握投资的技巧,学习投资的策略,收集和分析投资的信息。只有平常多积累,才能真正学会投资之道。不仅自己要多看多学,还可以参加各种投资学习班,讲座,阅读报纸杂志,通过电视、网络等媒体多方面获取知识。

(3)资产负债管理。要理财,首先要弄清楚自己有多少财可理。类似于企业的财务管理,你首先要做的是列出你个人或者家庭的资产负债表:你的资产有多少? 资产是如何分布的? 资产的配置是否合理? 你借过多少钱? 长期还是短期? 有没有信用卡? 是否透支? 你打算如何还钱? 有没有人借过你的钱,是否还能收回? 这些问题可能你从来没有想过,但是,如果你想要具备良好的理财能力,必须从现在开始关注它们。

(4)风险的管理。天有不测风云,人有旦夕祸福。若不做好风险管理与防范,当意外发生时,可能会使自己陷入困境。一个人不但要了解自己承受风险的能力,即自己能承受多大的风险,而且还要了解自己的风险态度,即是否愿意承受大的风险,这会随着人的年龄等情况的变化而变化。年轻人可能愿意承担风险但却没有多少财产可以用来冒险,而老年人具备了承受风险的财力却在思想上不愿意冒险。一个人要根据自己的资产负债情况、年龄、家庭负担状况、职业特点等,使自己的风险与收益组合达到最佳,而这个最佳组合也是根据实际情况随时调整的。

3. 风险管理莫忽视

2005年开始的牛市,使大盘一路飘红,同样带火了基金市场,一些只认储蓄、国债,风险防范能力较弱的老年人,也壮起胆子闯进了基金市场。在某银行营业大厅,一位大妈,2006年加入"基民"行列,买了1万元基金,到2007年的"五一"节前夕赚了8000元。尝到甜头的她,将所有积蓄都拿出来买了基金。大妈说,除了买菜做饭,她关注最多的就是基金。

据了解,不论是股市还是基金,新增的投资者中有相当一部分是60岁以上的老年人,他们在投资之前对股票和基金一无所知,不少人是看人家炒股、买基金都赚钱了,自己也跟风投资。还有人看别人买的基金已翻番,觉得现在买也能翻番,于是,义无返顾地投了进去。除了盲从状态外,还有的投资者出于投机心理,他们有的将全部家当投进股市或基金里,甚至还有人将房子抵押贷款去炒股。行情火爆的背后,也透露出投资者的盲目和对风险的忽视。

家庭资产的安全性和家庭生活体系的安定是理财首先要考虑的内容,因此,在理财规划中,不仅要考虑财富的积累,还要考虑财富的保障。

当前的个人投资者更多的只是埋头投资,不顾一切地追求利润,而没有对风险、收益、资源、目标进行符合自身实际的综合规划与管理,因而无法获得稳定的资产收益。理财活动应建立在稳健的前提下,理财不同于投资,当然投资是理财的一个重要的手段和内容,但理财的内容要广泛得多,理财是要做规划的,是根据人生计划和需求进行家庭资产、负债的合理安排和运作,获得终身消费效益的最大化,从而达到或接近想要的生活质量标准。

所以,理财不是向你简单地推荐一个股票或什么金融品种和投资渠道,也不是只教你赚多少钱,理财是围绕你的生活目的而展开的。不少股民,只要股市一有大幅下挫,就坐立不安,寝食不宁,紧张得不得了。为什么呢?因为他把自己的资金大部分投进去了,从来没有财务策划,也不知道自己想要赚多少钱,更不考虑自己的风险承受能力以及未来的目标。由于对理财的狭隘认识,这样的人往往会简单地把炒股等同于理财,或者把投资等同于理财。

现代意义的个人理财,不仅包括财富的积累,而且还囊括了财富的保障和安排。财富保障的核心是对风险的管理和控制,也就是当自己的生命和健康出现了意外,或个人所处的经济环境发生了重大不利变化,如恶性通货膨胀、汇率大幅降低等问题时,自己和家人的生活水平不致于受到严重的影响。

家庭理财首先要分析资产运作中可能存在的风险,并通过多元化的操作来规避和降低,以提高收益。每个家庭都会遇到意外支出、收入减少等经济风险。例如,家庭成员的生老病死,意外事故的发生,主要经济来源者下岗等情况,对于这些风险,必须有经济上的充分准备。这时,采用投保方式回避和转移风险必不可少。当然由于保险种类很多,家长朋友投保时要甄别清楚,切莫把保险当成了投资工具,而忽视保障作用。如果缺少保障型险种的话,家庭主要劳动力一旦出现伤病死亡,家庭经济就会崩溃,买房、留学等梦想就无从实现,贷款买的房子也可能被银行收回,可谓雪上加霜。买保险时还应进行妥善的保险设计,避免重复支付保险费用。

▌财智箴言▐

❈ 避免过于规避本金损失的风险,投资于低风险资产,结果无法抗拒通货膨胀对自己资产的侵蚀。

❈ 随着年龄的增大,高收益的资产在配置组合中的比例应该逐渐降低,避免承担自己无力承担的风险。

❈ 风险承受能力绝不仅仅指家长们的心理感受,也受预期目标、家庭责任的限制或是推动。如果孩子要出国留学,谨慎的家长也可能不得不承担大一些的风险,以换取大一些的利润,否则孩子的梦想就因无财力支持而无法实现。

❈ 家长们在做某项投资时,应了解清楚其中的风险性、收益性、流动性和安全性,观察、学习一段时间之后再进入。比如,最近比较热门的外汇炒作,其实从理财的角度来讲,外币更多地起到分散风险的作用,在更多情况下,收益并不是很大。

4. 理财规划是人生的规划

刘颖女士是事业单位的一名普通干部,月收入 3668 元,年终奖 4000 元。丈夫月收入 2500 元,夫妻二人都有医保,还有个 3 岁男孩。家庭日常生活月支出 2000 元。每年的保费支出 2450 元,教育费为 6000 元。

资产有现金及活期存款 2000 元,基金 5000 元,基金定投 600 元/月;两套房产,一套自住,另一套出租,月租金收入 1368 元,每月还房贷 1400 元。

理财目标

第一,建立家庭应急和保障体系。

第二,为孩子准备 20 万元高等教育金。

第三,希望在 55 岁退休后的养老生活能保持目前的生活品质。

❋ 家庭财务分析

刘颖女士的家庭是一个典型的普通城市三口之家,收入支出都比较稳定。家庭年收入 78000 元,支出为 39600 元,年度结余 38400 元,年结余比例为 49%。一般家庭年结余比率在 30%~50% 之间财务状况就比较健康,健康的结余比例可为投资资产的增加打下良好的基础。但刘颖女士的主要投资资产为房产,每月租金收入 1368 元,要差一点才能支付每月的房贷 1400 元。资产投资和消费结构可进一步优化完善。

总的来看,刘颖女士的家庭财务状况还是比较好。现在处于事业的黄金阶段,预期的收入会有稳定的增长,投资收入的比例会逐渐加大。考虑到通货膨胀,现有的支出会按一定的比例增加,随着年龄的增长,保险医疗的费用会有所增加;随着孩子一天天长大,教育费用的支出会逐步增加。

❀ 家庭综合理财规划

(1)现金规划。现金规划是为了满足家庭短期的日常开支和应急需求而作的现金及现金等价物的配置,建议日常生活储备金配置现金10000元(通常为日常月开支的3倍),应急准备金20000元,以应付不时之需,建议配置成货币基金,既保证流动性,还可能获取高于银行存款的收益。

(2)保险规划。家庭保障体系的建立,应根据家庭的实际状况做到适当全面和充分。夫妻二人的医疗方面已有保障,建议配置意外险、寿险、重疾险、医疗补充险等。孩子已经有了分红险和重疾险,还应配置意外险。保费的支出控制在家庭年收入的10%左右是合理的,估算保费支出为7000元/年。

(3)教育规划。教育金的准备是家庭理财的重点之一,通常应当建立教育金专用账户,专款专用。预估儿子读大学需要20万。建议定投指数基金600元/月,按8%的年收益率测算,15年后可累积20万供儿子读大学。

(4)养老规划。在保证退休后生活水平不下降的前提下,测算刘颖女士家庭养老需求为100万。建立养老金专用账户,定投股票基金1500元/月,按8%的年收益率测算,22

年后可累积 100 万,届时转换成风险低的债券基金,作为养老支出。

(5)投资规划。刘颖女士在已经做好上述几项基本规划的前提下,每月还有 1500 元的结余。可以投资于风险较高的股票以博取较高收益。建议定投大盘蓝筹股 1500 元/月,按 10% 的年收益率,22 年后累积 128 万。

经过如上规划,刘颖女士在 55 岁退休时总资产 228 万左右,并且在保险保障、养老金、教育金三个方面都有了较为充分的准备。

三、理财规划工具要巧搭配

近年我国育儿成本增长速度惊人,原因是多方面的。除了教育、医疗等保障体制的改革使家庭自费成本显著上升外,一些新的消费成本,如信息费、保险费等也不容忽视。当然,这种增长还包涵一些不可预见成分,如为了理想学校或专业而支付的择校费、赞助费、降分录取费和转专业费等,至于请家教或参加各种补课、培训班的费用,更属见怪不怪了。

1. 这辈子要花多少钱

有人算过,一个 3 口家庭在北京生活,需要 600 万元,不一定科学,却值得我们品味。

❀ 房子:在北京买一栋舒适点的房子,包括装潢,需要多少钱?120 万不算多吧。

❀ 孩子教育:培养一个孩子到大学毕业,大约需要 60

万元。这当然不包括留学,像到哈佛念书一年要 100 万元,所以你需要准备最基本的教育费用是 60 万元。

❀ 车子:买一辆经济型的车子,18 万一辆应该说得过去,这辆车让你开 10 年,应该要换了吧——30 年你需要换 3 部车。每个月的燃油费、养路费、保险费等少说也要 1500 元,如此算下来是 108 万元(18 万元×3 ＋1500×12×30)。

❀ 家庭开支:一家 3 口,每个月家用花费算 3500 元,包括买菜、水电、电话费等等,需要 126 万元(3500 元×12 个月×30 年)。

❀ 休闲生活:健身、旅行、郊游等,中等收入家庭一年大概要用去 2 万元,30 年算下来需要 60 万元(2 万元×30 年)。

❀ 赡养父母:一个月给父母每人 500 元,如果结婚后,夫妻双方父母 4 个人,则共计 72 万元(500 元×4 个人×12 个月×30 年)。

❀ 退休生活:60 岁退休后再活 15 年,每个月和老伴用 3000 元过日子,共计 54 万元(3000 元×12 个月×15 年)。

这七项合计为:600 万元。

仔细思量这个金额,只是一份还说得过去而已的生活,并不算是很满意的,可以说是安安分分、平平凡凡的日子罢了,居然还需要这么多钱。有这样几个招式和您共勉。

(1)未来的各种费用,要尽早用我们日常收入中的至少 30%～40%进行投资和部署,牺牲部分眼前消费,为日后生活做铺垫,并享受复利的魔力。

(2)减少欲望,设定投资报酬率为 8%～10% 较好。焦虑和不幸福往往来自对投资收益的过度期望上。不要要求过高收益,当我们越没有特定的高追求目标,最终反而会获得更多。

(3)选择适合自己风险偏好的投资策略和品种,建议采用"80 法则",将 80 减去我们的年龄,得到的数字来选择投资激进产品的比例,其他的投入到更为稳健的品种上。

(4)不要把所有期望放在一件事情上。建议投资比例参考"4321 法则":40% 做为日常开支,30% 为日后各种规划需求做投资准备,20% 意外健康等保险保障,10% 作为短期紧急备用金。

(5)实现财富自由,不依赖工资收入。未来的生活如果都依赖我们现在的工资收入,我们自然会担心这些收入无法保证未来的生活,所以要尽可能增加理财收入,一旦带来的固定收益大于我们的日常支出,就不再担心和依赖工资收入了。

另外,保持乐观积极的心态,看淡财富,也是获得幸福感的保证。人生最大的风险不是疾病和贫穷,而是我们对未来可能遇到的风险没有任何的防范和规划。只有当我们拥有一个踏实富足的未来,才能获得真正轻松自在的幸福感。

2. 教育金规划早准备

大多数家庭都已意识到提早规划教育金的重要性,有个好的规划,对于要支出多少钱,在什么时间之前要筹到钱,如何筹钱,心里才会有数,才不至于临时慌乱而误了孩子接受教育的时机。与其他投资相比较,教育金规划更重视长期工具的运用和管理,主要有以下投资手段:

定期定额基金

以基金定投为例,若每月投资 500 元,基金每年的回报保持 12%,假定你现在 30 岁了,投资到 65 岁为止,那么 35 年后的本息合计为 3215479.7 元;若你 40 岁才开始投资,到 65 岁时的本息合计为 939423.3 元;相差 200 多万元,因此投资是越早越好。

定期定额投资基金的优势:

第一,操作简单方便,客户只要和代销基金的银行签订协议,在每月固定的一天,银行会自动从协议指定的账户扣除约定资金到基金账户。

第二,分批进场降低市场波动的风险,尤其适合长期投资理财计划,而且便于开始。

第三,可依据财务能力弹性调整投资金额,每月的投资额可随收入提高而提高,以缩短投资期限,提高投资效益。

第四,可适时部分赎回。在一时急需资金用作其他用途时,或当市场的收益率达到心理预期时,办理部分赎回,提前享受投资收益,协议还依然有效,每月仍可继续扣款,增加投资。

定投基金的弊端:一是在股市行情一路看涨的阶段,定期定额所能获得的收益将低于在行情低位单笔投资的收益;二是在股市震荡盘整时,原本投入的基金是该加码还是减码,也让人吃不准。

教育储蓄

自 2000 年《教育储蓄管理办法》实行以来,这种积攒教育基金的方式吸引了众多的家长,教育储蓄的期限分 1 年、3 年、6 年。最低起存金额为 50 元,存入本金累计最高限额为 2 万元。储户根据自己的情况和确定的存款总额,可以与银行约定两次或数次就可存足规定额度,另外,教育储蓄与其他储种相比,还有一些不可比拟的优势:一是利率优惠,一年期、三年期教育储蓄按开户日同期同档次整存整取定期储蓄存款利率计息,六年按开户日五年期整存整取定期储蓄存款利率计息,可以说是零存整取的存法,却享受整存整取利率;二是免征利息所得税,单此一项,其收益较同档次储种高 20% 以上。

正在接受非义务教育的在校学生,其在就读全日制高中(中专)、大专和大学本科、硕士和博士研究生的三个阶段中,每个学习阶段可分别享受一次 2 万元教育储蓄的免税和利率优惠;每份本金合计超过 2 万元或一次性趸存 2 万元的,则不能享受教育储蓄免税的优惠政策。

但是,教育储蓄也有很大的局限性:

第一,能办理教育储蓄的投资者范围比较小,只有小学四年级(含四年级)以上的学生才能办理教育储蓄。按银行规定,支取教育储蓄款必须开具非义务教育的入学证明,否则不能享受利率优惠和免税优待。这样就将长达 9 年的义务教育费用排除在外。

第二，规模非常小。教育储蓄的存款最高为 2 万元，因此，单凭教育储蓄肯定无法满足孩子教育金的准备。以现在培养一个大学生的费用为例，每月生活费约为 400 元左右，每年的学杂费少则五六千元，多则七千元，甚至上万元的也为数不少，普通高校四年下来总共的费用在 3 万到 4 万元之间，2 万元远远不够。而一旦孩子有机会出国留学，这笔费用更是要以 50～100 万元来计算。

第三，家长在为孩子准备教育储蓄的时候，还必须考虑到存款利率变动带来的风险。由于教育储蓄按开户日利率计息，如在升息前存入，且选择的存期太长，储户不能分享到升息的好处。

尽管目前的教育储蓄规定还存在一些不足之处，但对低收入家庭而言仍然是最佳选择。教育储蓄虽然收益略为保守，但相比其他理财产品，风险却几乎为零。作为长期教育金的积累方式，教育储蓄不用特别考虑其流动性。在教育开支不断"涨价"的情况下，2 万元虽然不是个大数字，但对大多数中低收入家庭来说是适合的。

教育保险

教育保险是用保险的方式协助家长为子女积累教育费用，相当于将短时间急需的大笔资金分散开逐年储蓄，投资年限通常最高为 18 年，所以越早投保，家庭的缴费压力越小，领取的教育金越多。而购买越晚，由于投资年限短，保费就越高。

　　教育储蓄险一般都是在孩子上初中、高中或大学的特定时间里才能提取教育金，也就保证了"专款专用"。比如，投保年龄在 0～9 岁之间的孩子，12 岁时就可以领取基本保险金额的 10％作为初中教育金；15 岁时可以领取基本保险金额的 15％作为高中教育金；18 岁时可以领取基本保险金额的 25％作为大学教育金；25 岁时可以领取基本保险金额的 50％作为创业基金；60 岁后每年可领取基本保险金额的 13％（女性为 12％）作为养老金，直至身故。而 10～12 岁投保的孩子就不能领取初中教育金；13～15 岁投保的孩子就不能领取初中和高中的教育金了。

　　教育投资是孩子成长费用中的重头戏，孩子的教育金往往需要长期积累，一般都在 10 年左右。那么，如何规划好教育投入，做到在孩子成长的每个关键阶段都有足够的经济支撑，有备无患，对收入较高且独立投资能力有限的家庭而言，教育保险更合适。

　　教育保险的投保人是家长，被保险人是其子女或有抚养关系的儿童。根据税法的规定，若被保险人在保险有效期内身故，保险公司会按合同约定支付身故保证金，如投保单上指定受益人的，保险公司会将保险金支付给受益人，并不扣除所得税，这样可以最大限度地保全家庭财产不受损失。

　　很多险种还具有分红功能。一般情况下，如果保额相同,具有分红功能的教育保险保费要稍高一些。孩子从一出生到十四五岁都有资格投保,分红型的教育保险可以在孩子上中学开始,分期从保险公司领取保险金,一定程度上规避了物价上涨带来的货币贬值风险。

部分教育保险还具有"保费豁免"功能。"保费豁免"即在保险交费期内,如果父母给孩子购买了保险之后,出现了意外不能交纳保险金,保险公司将免去其以后要缴的保费,而孩子却可以领到与正常缴费一样的保险金。这一条款对孩子来说,非常重要。也正因如此,它与银行储蓄就有了本质的区别,其保障功能更加显现。

3. 投资规划组合技巧

哪个父母不为子女想着将来,而教育费用始终是一笔大支出,对于一般的工薪族来说,每个月存入银行的钱毕竟是有限的,我特别钦佩那些为孩子存教育储蓄的家长朋友,每月坚持来银行,每个月存几百元,什么都能忘,孩子将来的教育基金不能忘。存折上的行数一次次增加,页数在翻动,积数也越来越大,一年、三年、五年,看着电脑打印的日期、金额和总额,心中的喜悦溢于言表。我知道那存进的是满心的爱,更是对孩子无尽的期待和希望。在这里介绍几点教育理财规划技巧,但愿对您有所启发。

第一,教育保险虽然也有储蓄投资的功能,但它更强调的是保障功能。既解决孩子未来的教育金问题,又能保障孩子成长阶段最需要的健康。不过从理财的角度出发,教育金保险属于储蓄型保险,相当于将短时间急需的大笔资金分散开逐年储蓄,并且保险金额越高,每年需要缴付的保费也就越多,所以没必要多买,依照家庭经济状况选择适当的保费额度,适合孩子的需要就够了。

第二,教育储蓄和教育保险是可以结合起来用于教育金规划的。如果孩子还很小,建议买适当的教育保险,等到孩子上小学四年级,就可以慢慢积累一些教育储蓄了。

第三,对于有些年轻的家长们来讲,收入有限但风险承受能力较强,想获得高于教育储蓄的收益,可采取"定期定额"投资基金的方式,为孩子储备长期的教育费用,目前银行大都能办理定期定额申购基金的业务。

第四,如果你自己的投资水平还比较高的话,完全可以选择其它的投资工具,现在,年收益率超过银行利率的理财产品太多了,与教育储蓄拥有同样的安全性和免收利息税的就有国债,其它诸如基金、人民币理财产品等等,都可以加入到孩子教育金的计划中。

第五,股票、期货属高风险产品,需很强的专业知识,要注意防范风险,如果操作得好的话,提前完成孩子的教育理财规划是完全可能的。

|财智箴言|

经济上的高成本对不同孩子的成效确实具有差异性,但并非在子女身上投入的经济成本越高,就对子女健康成长和全面发展越有利。从小在孩子身上多花些时间、投入更多的感情和素质教育成本,优化孩子抚育成本的结构,提升单位成本的效用,或许是一个以较少的成本获得更多回报的理性选择,往往会取得事半功倍的效果。